厦门大学知识产权研究丛书

总主编 林秀芹

厦门大学
哲学社会科学繁荣计划
2011—2021

# 利益驱动下的
# 专利质量控制政策体系研究

周 璐◎著

Research on the Policy System of Patent
Quality Controlling Driven by Interests

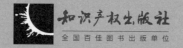

知识产权出版社
全国百佳图书出版单位

图书在版编目（CIP）数据

利益驱动下的专利质量控制政策体系研究／周璐著. —北京：知识产权出版社，2017.1

ISBN 978-7-5130-4614-5

Ⅰ.①利… Ⅱ.①周… Ⅲ.①专利—质量控制—政策体系—研究 Ⅳ.①G306

中国版本图书馆 CIP 数据核字（2016）第283389号

责任编辑：刘 睿 邓 莹　　　　　责任校对：潘凤越
封面设计：SUN工作室　　　　　　责任出版：刘译文

## 利益驱动下的专利质量控制政策体系研究

Liyi Qudong xia de Zhuanli Zhiliang Kongzhi Zhengce Tixi Yanjiu

周 璐 著

出版发行：知识产权出版社 有限责任公司　　网　　址：http://www.ipph.cn
社　　址：北京市海淀区西外太平庄55号　　　邮　　编：100081
责编电话：010 - 82000860 转 8113　　　　　责编邮箱：liurui@cnipr.com
发行电话：010 - 82000860 转 8101/8102　　　传　　真：010 - 82005070/82000893/82000270
印　　刷：保定市中画美凯印刷有限公司　　　经　　销：各大网上书店、新华书店及相关专业书店
开　　本：720 mm×960mm　1/16　　　　　印　　张：12.5
版　　次：2017年1月第1版　　　　　　　　印　　次：2017年1月第1次印刷
字　　数：201 千字　　　　　　　　　　　定　　价：36.00元

ISBN 978 - 7 - 5130 - 4614 - 5

# 序

随着全球新一轮科技革命方兴未艾和我国创新驱动发展战略、知识产权战略的实施，我国发明专利受理量快速增长，2015年首次突破100万件，连续5年居世界首位。然而，随着我国专利申请与授权数量的急增，专利质量问题不断遭受质疑甚至令人担忧。因而，周璐博士在攻读博士学位初期就将专利质量问题的解决作为最关注的研究方向并确定为博士学位论文的选题，《利益驱动下的专利质量控制政策体系研究》一书就是在其博士论文的基础上加以修改完善而成的。作为其博士阶段的导师，本人十分高兴该书能够顺利出版，并希望本书能够促进学术共同体对专利质量的研究，为实务界提高专利质量提供智力支持。

作为本书的最早读者，我认为本书主要有以下三个方面的创新。

第一，将利益引导机制作为专利质量控制政策的实现机理。现有研究往往将专利质量问题视为客观现象，试图通过加大资源的投入来解决。然而，这并没有根治技术创新系统内部的无序，资源的投入表现出很强的边际效用递减，"问题专利"存量规模的扩大将会导致进一步的恶性循环。而本书则在"经济人"假设的基础上，充分发掘各主体背后的利己性动因，并通过利益引导以实现专利系统"自组织"的方式来解决专利质量问题。这可能是现有专利质量困境的一个"出口"。

第二，通过体系化的视角构建专利质量控制政策。不同于现有研究多从孤立的角度分别研究各环节中解决专利质量问题的途径，本书从时间发展的维度，将专利质量视为系统综合作用的结果，并根据各环节的协同关系构建政策体系。

第三，综合运用多学科的研究方法。周璐博士具备理学、法学以及管理学的多重教育背景，这在本书的研究中得到很好的体现：综合运用管理学中的理论模型研究法、博弈分析法、实证分析法以及法学中的规范研究法与案例研究法，还创造性地将热力学中"熵"的概念用来分析专利政策的价值取向与实现机理，体现了丰富的学术视角。

毕业后，周璐博士进入厦门大学知识产权研究院继续学术生涯，持续关注专利质量控制这一研究方向，先后申请并成功获得中国博士后科学基金项目、福建省社会科学规划项目，为进一步深入研究打下了坚实的基础。

作为一本以理论模型作为主要研究方法的专著，本书从抽象层面成功地揭示了与专利质量相关的一些规律，但在实证研究层面还稍显薄弱。相信周璐博士在后续研究中，会努力搜集相关数据进行实证研究，进一步验证相关结论的可靠性。

是为序。

朱雪忠

2016年9月

# 摘　　要

伴随着专利申请与授权数量的增长，我国也面临着专利质量问题与授权时滞延长的危机，如果得不到妥善地解决，将严重影响专利制度对技术创新的激励效果。目前我国理论界与实务界解决上述问题的思路多为通过增加对专利审查单位人力资源以及硬件设备的投入来提高专利审查程序的效率，却忽略了事前的专利申请与事后的专利无效程序能发挥的作用，以及各程序中参与主体的经济理性，也没有取得预期的效果。因此，本书试图从利益驱动视角，分析专利申请程序中的申请人、专利审查程序中的审查员以及专利无效程序中的无效请求人行为背后的经济动因，并在此基础上试图构建专利质量控制的政策体系。

首先，本书以动态的视角分析各国专利政策演化的一般规律，并借助热力学中系统熵的理论对其本质进行分析。在此基础上，对我国已实施的专利政策从现实的视角给出客观的评价，并对未来专利政策的发展方向"通过系统内部正熵的控制而解决无序问题"的政策机理作出阐释，此部分为"利益驱动"这一本书核心思想的理论基础。

其次，本书从专利投机与专利扩张两个方面研究专利申请人的经济动因。援引信息经济学中的"柠檬市场理论"，分析在现有政策体系下，投机性专利申请是如何将技术创新专利申请逐出市场的，并得出申请费用以及法定创造性标准这两个政策工具的局限性；通过案例，分析禁止反悔原则以及专利权利要求的解释方法，在抑制申请人专利扩张行为中所能起的作用。

再次，本书从专利审查单位内部的视角出发，研究如何通过人力资源管理体制的设置，以根据需要调节审查员在提高审查速度与保证审查质量两大任务上所投入的努力。从目标异质性与信息不对称两个方面分析，得出在专利审查单位内部存在委托—代理问题发生的土壤。通过构建审查员理性工作规划模型，分析欧洲以及美国专利审查单位薪酬考核体制对审查员行为的影响，以及引入质量绩效奖金所能带来的积极效果。在理论模型的基础上，总结我国现有的专利审查管理体系所存在的问题，并提出改进的方案。

最后，本书基于在现实中专利无效程序的请求人基本都是专利侵权诉讼中的被诉侵权人这一事实，研究被诉侵权人在与专利权人博弈中的经济动因。具体分析现有技术抗辩、和解、资金投入差别这些直接因素，以及正外部性、专利权人的威胁策略、专利质量信息不对称以及专利审查质量这些间接因素对专利无效程序事后质量控制作用的影响，并对如何提高专利无效程序在专利质量控制中所起到的作用提出建议。

# 目　　录

# 第一章 绪 论

## 第一节 研究的目的与意义

我国施行专利制度30年来，技术创新与技术转移的水平都有了很大程度的提高，技术的进步与生产规模的扩大使得整个社会都受益匪浅，从国际技术贸易的角度来看，我国也从单纯的技术进口国发展成为在一些优势领域对外许可专利的技术输出者，例如通信、光电子、高铁等技术领域。

然而由于专利制度初期阶段的特质，在前期的政策导向与制度设置上，我国都较为重视专利的数量而在一定程度上忽视专利的质量，这直接导致专利申请数的激增、投机性专利申请的大量产生，并进一步造成专利积压、专利授权时滞以及获得授权问题专利的普遍存在，这些现象都会影响专利制度对技术创新的激励效应。所以说，现阶段我国专利政策与制度的价值取向应当从重视数量向重视质量过渡，即在有了先期专利基数储备的基础上，从符合可专利性的视角关注专利授权的正当性。

虽然目前我国学术界以及专利实务部门已经意识到上述问题的严重性，并积极寻求对策予以改进，但是关注的重点基本都集中于专利审查质量的提高，并且解决问题的思路基本都在增加对专利审查单位资源投入的方面，基于此提出的建议却没有达到预期的效果。

通过反思，可以发现我国现有解决专利系统存在问题的途径有以下两个方面的局限。

第一，关注点仅局限在专利审查这一中间程序，而忽略了专利申请以及专利无效这样的事前以及事后程序所能够产生的作用。从事前的角度来看，可以发现当专利申请数量较多，且平均质量较低时，专利审查中将会存在一个客观的矛盾——如果不控制专利审查的质量将会有大量的问题专利获得授权，如果严格控制专利审查质量，在现有的专利申请数量下势必会造成严重的专利时滞，二者都会最终影响社会的技术创新。因此，把控事前输入专利申请的数量以及质量十分关键。从事后的角度来看，无效程序作为专利质量的另一种控制手段，其作用也不容忽视，考虑到授权专利中相当一部分都不会被实施或许可实施，对技术创新并无多少影响，而通过无效程序所清除的低质量专利往往是对公共利益损害更大的那一部分，因此无效程序作为市场作用下的"清道夫"，与审查程序相比具有更高的效率。

第二，将专利系统中存在的问题视为客观现象，并试图通过对专利审查单位人力以及物力的投入来解决，而没有考虑专利系统内部参与者的经济理性与投机倾向。

基于上述这些局限，本书从专利系统内部参与者的经济理性出发，站在整体的视角，试图通过引导专利申请、专利审查以及专利无效程序中参与者的行为来解决现有的专利质量以及与之相关的专利授权时滞问题，从而为突破我国乃至世界范围内专利系统的困境提供一个新的思路。

# 第二节　文献综述

## 一、关于专利质量界定的研究

国外学者对专利质量界定的研究始于20世纪80年代，至今已形成较为完整的理论体系。根据评价视角的不同，国外学者对于专利质量的界定可以分为基于审查者的专利质量与基于使用者的专利质量。

　　基于审查者的专利质量是衡量授权专利是否符合法定的可专利性标准，通过把握专利审查的宽严尺度确保授权专利的整体质量。其中一些学者进一步认为专利质量是指最初始的申请文件的质量，如瓦格纳（Wagner）认为专利质量即专利申请文件的质量，衡量的标准主要是申请文件是否严格地符合法律所规定的专利授权标准（Wagner，2006）。❶ 一些学者则认为专利质量应当指的是专利审查单位的审查质量，如布尔克和赖茨（Burke and Reitzig）提出专利质量应当由专利审查质量衡量，是专利审查单位按照授予专利权所需的技术进步程度对专利申请作出的具有稳定性的判断，并进一步指出在专利质量的控制中专利审查单位应当发挥两个职能：（1）专利审查单位应当按照法律规定的新颖性与创造性标准对且仅对符合专利申请进行授权；（2）专利审查单位应当时刻保持审查标准的稳定性（Burke and Reitzig，2007）。❷ 还有一部分学者认为专利质量应当是指最终授权专利的质量，如格里利兹（Griliches）提出与专利申请以及社会公众利益相关的是最终获得授权的专利，基于此专利申请人将在一定期限内享有垄断权，所以专利质量应当通过授权专利的质量来衡量。格里利兹还提出可以用专利授权率间接表征某个国家或地区授权专利的总体质量（Griliches，1990）。❸

　　基于使用者的专利质量是站在使用者的角度评价专利质量，无论国家、企业或个人，都是从专利对自身的利益出发，考虑专利的法律稳定性、技术重要性或者经济效益。其中一部分学者从权利稳定性的角

---

❶　R. Polk Wagner. Understanding Patent-Quality Mechanisms ［J］. University of Pennsylvania Law Review，2009，157（6）：2135−2173.

❷　Burke P. F. and Reitzig M. Measuring Patent Assessment Quality：Analyzing the Degree and Kind of（in）Consistency in Patent Offices Decision Making ［J］. Research Policy，2007，36（9）：1404−1430.

❸　Griliches Z. Patent Statistics as Economic Indicators：A Survey ［J］. Journal of Economic Literature，1990，28（4）：1661−1707.

度提出专利质量应当指的是法律的法律质量，如格拉夫（Graf）提出对于专利质量判断的关键在于，判断专利客体是否在法定不授予专利权客体之内，以及新颖性、非显而易见性以及实用性这些根本问题（Graf，2007）。❶ 艾利森和亨特（Allison and Hunter）从专利法律效力的角度提出，专利质量是指获得授权的专利相对于现有技术而言具备明显的进步，并且能够稳定地抵抗专利无效程序的特性（Allison and Hunter，2006）。❷ 托马斯（Thomas）通过界定优质专利的方式间接地界定了专利质量，其表示优质专利是能够被有效实施，并且能够应对专利无效程序，从而能够作为技术转移工具的有效专利（Thomas，2002）。❸ 亚当（Adam）则进一步提出了衡量专利法律质量的主要因素：权利要求的结构、专利申请文件中是否引用合理数量的现有技术、专利要求的范围是否足够宽，以及发明是否足够新颖并且非显而易见（Adam，2006）。❹ 一部分学者从技术进步性的角度认为专利质量应当是指专利的技术质量技术，而专利法所确定的授权实质条件（新颖性、创造性和实用性）实际上是对发明提出的最低技术水平要求。如斯科奇姆和格林（Scotchmer and Green）认为专利虽然具有技术、法律与经济的多重属性，但是决定专利质量的根本因素在于技术——发明的新颖性和非显而易见性程度越高、技术越先进，其法律效力才会越稳定，经济价

---

❶ Susan Walmsley Graf. Improving Patent Quality Through Identification of Relevant Prior Art：Approaches to Increase Information Flow to the Patent Office［J］. Lewis & Clark Law Review，2007，495（11）：43－56.

❷ Allison J. R. and Hunter S. D. On the Feasibility of Improving Patent Quality One Technology at a Time：the Case of Business Methods［J］. Berkeley Technology Law Journal，2006，1（21）：730－757.

❸ John R. Thomas. The Responsibility of the Rulemaker：Comparative Approaches to Patent Administration Reform［J］. Berkeley Technology Law Journal，2002，17（2）：726－761.

❹ Adam S. Quality over Quantity：Strategies for Improving the Return on Your Patents［J］. The Computer & Internet Lawyer，2006，32（12）：18－22.

值也才会越高（Scotchmer and Green，1990）。❶ 亚伯拉罕和莫伊切（Abraham and Moitra）提出专利质量应当是发明创造技术方案自身的进步性（Abraham and Moitra，2001）。❷ 布尔克和赖茨则认为专利质量应当指代经济质量，倘若想要获得授权，专利申请必须超过技术质量的阈值（Burke and Reitzig，2007）。❸ 王育辉（Yu-Hui Wang）等则通过对企业竞争力影响的视角，建立了专利整体质量测度矩阵，通过专利权对创设与保持市场地位的贡献来衡量专利质量（Yu-Hui Wang等，2014）。❹ 菲利普（Philipp）通过专利权控制的技术范围来界定专利质量，其表示专利质量是指他人能以不侵权的方式使用技术方案的程度，具体而言，专利质量越高，专利权控制的技术范围越广，他人绕开专利保护而接近技术的可能性就越小（Philipp，2006）。❺ 产业领域中，CHI公司的研究人员提出了具体衡量专利质量的技术评价指标，包括：即时影响指标、科学关联度以及技术循环周期。还有一部分学者从专利的市场价值的角度出发认为专利质量应当指的是专利的经济质量。如霍尔和哈霍夫（Hall and Harhoff）认为，专利具有价值是由于其包含如果不具备专利保护企业就不敢将其商业化的技术方案（Hall and Harhoff，

---

❶ Suzanne Scotchmer and Jerry Green. Novelty and Disclosure in Patent Law [J]. RAND Journal of Economics, 1990, 21 (1): 131-146.

❷ Abraham B. P. and Moitra S. D. Innovation Assessment through Patent Analysis [J]. Technovation, 2005, 21 (4): 245-252.

❸ Burke P. F. and Reitzig M. Measuring Patent Assessment Quality: Analyzing the Degree and Kind of (in) Consistency in Patent Offices Decision Making [J]. Research Policy, 2007, 36 (9): 1404-1430.

❹ Yu-Hui Wang, Amy J. C. Trappey, Benjamin P. Liu, Tsai-chien Hsu. Develop an Integrated Patent Quality Matrix for Investigating the Competitive Features among Multiple Competitive Patent Pools [C]. Proceedings of the 2014 IEEE 18th International Conference on Computer Supported Cooperative Work in Design.

❺ Minoo Philipp. Patent filing and searching: Is Deflation in Quality the Inevitable Consequence of Hyperinflation in Quantity? [J]. World Patent Information, 2006, 28 (2): 117-121.

2004）。**❶**

我国学者对专利质量界定问题的研究起步较晚，且基本上都是出于对国外学者研究的整合。梁志文从影响专利质量因素的角度出发，提出专利质量一方面取决于申请人的创造性行为，另一方面也取决于审查单位的把关（梁志文，2014）。**❷** 马天旗、刘欢从专利引证信息的角度提出了界定专利质量的方法（马天旗、刘欢，2013）。**❸** 程良友、汤珊芬在外国研究者对专利质量界定的基础上提出专利质量状况是在某一时点或某一个时期内与特定对象相比较的结果（程良友、汤珊芬，2006）。**❹** 刘玉琴等提出对专利质量评价应当综合考虑对专利经济价值与技术价值的判断（刘玉琴等，2007）。**❺** 朱雪忠、万小丽从竞争力的视角提出专利质量体现在其对企业形成核心竞争力的帮助上（朱雪忠、万小丽，2009）。**❻** 吕明瑜则从专利联营中的专利影响竞争力角度出发对专利质量予以了界定（吕明瑜，2013）。**❼**

## 二、关于问题专利的研究

对于问题专利的研究是在专利质量的基础上展开的，即基于对专利质量的判定选取其中质量较低的进行具体研究，并且多数情况下是以专利的技术性作为质量判断标准。其中国内外学者较为关注的问题主要集中在问

---

**❶** Hall B. H. and Harhoff D. Post-Grant Reviews in the U. S. Patent System：Design Choices and Expected Impact［J］. Berkeley Technology Law Journal，2004，19（1）：1-27.

**❷** 梁志文. 专利质量的司法控制［J］. 法学家，2014（3）：61-73.

**❸** 马天旗，刘欢. 利用专利引证信息评价专利质量的改进研究［J］. 中国发明与专利，2013（1）：58-61.

**❹** 程良友，汤珊芬. 我国专利质量现状、成因及对策探讨［J］. 科技与经济，2006（6）：37-40.

**❺** 刘玉琴，汪雪峰，雷孝平. 基于文本挖掘技术的专利质量评价与实证研究［J］. 计算机工程与应用，2007（33）：12-14.

**❻** 朱雪忠，万小丽. 竞争力视角下的专利质量界定［J］. 知识产权，2009（9）：7-14.

**❼** 吕明瑜. 专利联营中专利性质的竞争影响审查［J］. 当代法学，2013（1）：112-118.

题专利产生的原因以及问题专利对技术创新乃至社会福利的影响上。

（一）关于问题专利产生的研究

外国学者中曼恩（Mann）通过实证研究总结了日后被无效专利在审查时的一些特质，从而试图让审查员更好地识别低质量的专利申请（Mann，2008）。[1] 莱姆利和萨姆帕特（Lemley and Sampat）分析了专利审查员的个体特质与授权专利质量的关系（Lemley and Sampat，2009）。[2] 阿赛（Asay）从不具备可专利性的申请被授权的过程入手，研究了问题专利产生的原因（Asay，2014）。[3] 另一些学者从专利活动参与者的动机研究入手，探寻问题专利大量产生的原因。古力犹萨（Gugliuzza）从专利蟑螂的角度研究了问题专利大量催生的动因（Gugliuzza，2014）。[4] 瓦格纳认为虽然大部分学者提出的问题专利产生的原因在于专利局有限的资源与日益增长的专利申请量之间的矛盾这一观点并没有错误，但是仅仅将问题归结于客观条件的限制并不能对其解决提供任何建设性的意见。他进一步指出理解问题专利的成因需要从个体申请人、专利局以及从事技术创新的公司这三类主体的动机入手：(1)对于个体申请者来说造成问题专利的主要原因在于其具有推迟专利的技术内容被社会公众知晓时机的动机，在其中个人申请者使用的测量一般是采用晦涩难懂或者模棱两可的语言来描述技术方案。而这一行为给申请者带来的好处是可以在专利授权后而效力还没有受到挑战的一段时期内获得高额利润、使得专利在技术周期的更替中更久地保持价值以及

---

[1] Ronald J. Mann. A New Look at Patent Quality: Relating Patent Prosecution to Validity [J]. Journal of Empirical Legal Studies, 2012, 9（1）: 1-32.

[2] Mark A. Lemley, Bhaven Sampat. Examiner Characteristics and the Patent Grant Rate [C]. Working Paper of Stanford Law and Economics Olin, January 2009.

[3] Clark D. Asay. Enabling Patentless Innovation [J]. Maryland Law Review, 2015, 431（74）: 1-66.

[4] Paul R. Gugliuzza. Patent Trolls and Preemption [C]. Research paper of Boston University, December 2014.

在效力受到挑战时可以更为灵活地修改专利保护范围。（2）对于专利局来说造成问题专利的主要原因来自于应对专利积压的动机，由于专利申请的增长速度远远大于专利局对申请作出决定的速度，专利积压已经变成一个十分严重的问题，而为了解决这一问题，专利局采取的策略往往是加快对专利授权以及拒绝授权的决定的作出，而这将导致专利整体质量的下降。此外专利局固有的"亲专利"（propatent）动机，以及专利局按照授权量作为审查员考核标准所带来的工作动机都将直接或间接地导致问题专利的产生。（3）对于从事技术创新的公司来讲，瓦格纳指出虽然对于市场上的任何一家公司来讲所有的市场主体都申请高质量的专利是个最优的均衡结果，但是在没有有效契约约束的情况下，任何一家企业都有申请低质量专利而获得短期高额利润的动机，而这种动机将会随着低质量专利数的增加而增加（Wagner，2009）。❶

国内学者对问题专利产生原因的研究是在我国近几年授权专利质量普遍下降的大背景下展开的，其中一些学者将我国问题专利产生的原因归结为客观方面的原因，如黎运智、孟奇勋从专利法规定的可专利性条件、专利审查以及政府费用资助等方面探讨了问题专利产生的原因（黎运智、孟奇勋，2009）。❷ 袁晓东、刘珍兰提出问题专利产生的本质原因在于专利审查员与专利申请人在现有技术信息上处于不对等的地位，解决这一问题可以通过鼓励第三方积极提供现有技术信息（袁晓东、刘珍兰，2011）。❸ 谢黎、邓勇等则从专利审查程序、专利资助政策以及专利无效程序三个方面分析了问题专利产生并持续存在的原因（谢黎、

---

❶ R. Polk Wagner. Understanding Patent-Quality Mechanisms［J］. University of Pennsylvania Law Review，2009，157（6）：2135－2173.

❷ 黎运智，孟奇勋. 问题专利的产生及其控制［J］. 科学学研究，2009（5）：660－665.

❸ 袁晓东，刘珍兰. 专利审查中现有技术信息不足及其解决对策［J］. 情报杂志，2011（3）：84－88.

邓勇、张苏闽，2014）。❶ 另一些学者则从政府主观的政策引导方面寻找问题专利产生的原因，如程良友、汤珊芬提出政府过于注重可量化的专利指标，将申请与授权的数量等同于技术创新能力，是促使企业不顾质量而提出大量问题专利申请的根本原因（程良友、汤珊芬，2006）。❷ 刘洋、温珂、郭剑认为，我国专利质量从根本上由创造阶段因素决定，直接由申请阶段因素决定，而审查阶段因素相对影响不大（刘洋、温珂、郭剑，2012）。❸

### （二）关于问题专利对社会福利影响的研究

国内外学者就问题专利对社会福利影响的研究基本上都是从问题专利对技术创新影响的研究展开。

国外学者中，田中新井（Koki Arai）通过建立专利申请与诉讼模型并结合美国与日本近年来的数据进行实证分析，认为当一个国家施行"亲专利政策"（Pro-Patent Policy）时，会有大量的问题专利产生，虽然在短期内该国的企业会获得很高的超额利润，但是由于亲专利政策所催生的问题专利将最终损害一国的技术创新动机，因此从长期来看将会使该国的社会福利受损（Koki Arai，2010）。❹ 瓦格纳认为问题专利将会从以下几个方面带来不确定性：专利效力的不确定、授权专利保护范围的不确定、特定发明创造可专利性的不确定以及一个有效专利是否能被完全实施的不确定。而基于这些不确定性因素所作出的商业决策显然更加困难与昂贵。他提出虽然这种类似的不确定性存在于人类活动的各个领域，并且市场的力量可以克服其中的大多数弊端，但是对于专利这

---

❶ 谢黎，邓勇，张苏闽. 我国问题专利现状及其形成原因初探［J］. 竞争情报，2012（24）：102－107.

❷ 程良友，汤珊芬. 我国专利质量现状、成因及对策探讨［J］. 科技与经济，2006（6）：37－40.

❸ 刘洋，温珂，郭剑. 基于过程管理的中国专利质量影响因素分析［J］. 科研管理，2012（12）：104－109.

❹ Koki Arai. Patent Quality and Pro-patent Policy［J］. Journal of Technology Management & Innovation，2010，5（4）：1－9.

一法律拟制的财产来说，只有确定的权利范畴才能够在市场的协调下产生激发技术创新的作用。而根据美国知识产权法律协会的报告，一件问题专利给诉讼双方所带来诉讼成本的平均值约为550万美元（Wagner，2009）。❶ 卡尔斯滕（Karshtedt）则研究了问题专利对某一特定领域创新知识的"没收效应"（Karshtedt，2011）。❷

国内学者中，黎运智、孟奇勋认为问题专利对社会的危害主要体现在以下三个方面：（1）从增加成本的角度影响技术创新，当技术市场上的问题专利过多时，将影响社会对专利整体质量的评价，这将使得技术创新的成本很难被收回；（2）一旦申请问题专利有利可图，将进一步激励出更多的问题专利申请；（3）对正当竞争产生妨碍，如果申请低质量专利申请很容易被授权，则会激励出更多不从事技术研发的"专利蟑螂"，从而改变技术创新市场的正当竞争模式（黎运智、孟奇勋，2009）。❸ 程良友提出问题专利所要求保护的范围往往保护了共有技术领域的内容，这将阻碍后续技术研发人员对在先技术的合理利用，从而打破了技术创新的传承机制（程良友，2006）。❹

## 三、关于专利审查的研究

专利审查作为专利质量的事前控制机制，在国内外学者的研究中都得到了足够的重视，几乎所有研究都一致认同，要提高授权专利的质量必须从控制专利审查机制入手。与本书选题相关的研究主要集中在专利审查质量对技术创新的影响以及专利审查的改革措施研究。

---

❶ R. Polk Wagner. Understanding Patent-Quality Mechanisms［J］. University of Pennsylvania Law Review，2009，157（6）：2135－2173.

❷ Dmitry Karshtedt. Did Learned Hand Get It Wrong?： The Questionable Patent Forfeiture Rule of Metallizing Engineering［J］. Villanova Law Review，2012，57（2）：261－337.

❸ 黎运智，孟奇勋. 问题专利的产生及其控制［J］. 科学学研究，2009（5）：660－665.

❹ 程良友. 我国专利质量分析与研究［D］. 武汉：华中科技大学，2006.

（一）关于专利审查质量对技术创新影响的研究

国外学者中，帕朗卡拉亚（Palangkaraya）提出专利局通过低质量审查授予大量不符合可专利性条件的申请以专利的事实将鼓励专利投机者，给策略性运用专利以阻碍后续研发者的公司提供了可行的空间，这将严重挫伤技术创新者的积极性（Palangkaraya，2005）。❶ 奎伦和韦伯斯特（Quillen and Webster）认为低质量的专利审查导致了大量专利的效力问题要最终通过专利诉讼的方式解决，而这直接增加了其他竞争者的研发成本（Quillen and Webster，2001）。❷ 莱姆利和萨姆帕特（Lemley and Sampat）提出专利审查的本质是审查员与申请者之间连续的协商，专利质量则是该协商的产物，其将直接决定专利制度对技术创新的激励效应（Lemley and Sampat，2010）。❸ 一些学者的视角集中在某一国家或地区，如山内勇和长冈贞男（Isamu and Sadao）定量研究了日本专利审查质量的提高对技术创新的贡献（Isamu and Sadao，2014）；❹ 姆伯吉（Mgbeoji）研究了一些非洲地区的专利审查单位无法实现促进技术创新目标的原因（Mgbeoji，2014）。❺

国内学者对此问题的研究更加微观，文家春从专利审查质量、专利审查周期以及专利审查费用三个维度入手系统分析了专利审查行为对技术创新的作用机理。其中在专利审查质量维度，文家春提出低质量的专

❶ Alfons Palangkaraya, Paul H. Jensen, Elizabeth M. Webster. Determinants of international patent examination outcomes［C］. Working Paper of Intellectual Property Research Institute of Australia, May 2005.

❷ Cecil D. Quillen, Jr. and Ogden H. Webster. Continuing patent applications and performance of the US patent and trademark office［J］. Federal Circuit Bar Journal, 2001, 11（1）：1-21.

❸ Mark A. Lemley, Bhaven Sampat. Examiner Characteristics and the Patent Grant Rate［C］. Working Paper of Stanford Law and Economics Olin, January 2009.

❹ Yamauchi Isamu, Nagaoka Sadao. An Economic Analysis of Deferred Examination System: Evidence from Policy Reforms in Japan［C］. Working paper of Hitotsubashi University, June 2014.

❺ Ikechi Mgbeoji. African Patent Offices Not Fit for Purpose［M］. Cape Town：Cape Town University Press, 2014, 234-247.

利审查对技术创新的影响主要体现在以下三个方面：（1）低质量的专利审查会抑制技术创新的投入。专利审查质量的高低主要体现在审查中以下两种错误的犯错率上，即对符合可专利性条件的专利申请拒绝授予专利权以及对不符合可专利性条件的专利申请授予专利权。其中前者的影响是会使得申请者投入大量资源所获得的技术成果在没有法律保护的情况下被公开，而其竞争对手可以不付出任何对价而使用该成果，这将极大地削弱专利制度对研发投入的激励作用。而后者的影响则体现在当竞争性企业进行研发决策而检索在先专利时，如果发现存在无法绕开或绕开成本过大的低质量专利时往往会选择放弃研发投入。（2）低质量的专利审查会增加技术创新的成本。这一效应集中地体现在上述第二类审查错误中，当不符合可专利性条件的申请被授权后，专利持有人的最佳选择往往不是实施这项没有价值的专利技术，而是将此作为向其他竞争者提起侵权诉讼的工具，而在一般情况下其他竞争者也会提起专利无效请求作为对此的对抗，这其中双方需要花费的诉讼费、律师费以及检索费都将使得技术创新的成本增加。（3）低质量的专利审查将降低技术创新的预期收益。专利制度对于技术创新的激励在于以明示的方式授予专利持有人以法定垄断权，而该权利从理论上来讲应当能够带给专利持有人稳定的收益，但是大量错误授权的专利在日后被无效掉的这一事实将破坏这一稳定性进而降低技术创新的预期收益（2012）。❶ 林㭎、李晓莉也提出在企业创新与专利审查之间目前存在较多的问题，这些问题将最终影响企业的创新绩效（2012）。❷

（二）关于专利审查改革措施的研究

国外学者对专利审查改革措施的研究大多集中在审查程序的改进方面，以寻找解决专利质量问题的对策，其中欧洲专利局（The Staff

---

❶ 文家春.专利审查行为对技术创新的影响机理研究［J］.科学学研究，2012（6）：848-855.

❷ 林㭎，李晓莉.论专利审查与企业创新［J］.中国发明与专利，2012（12）：105-106.

Union of the European Patent Office）表示影响专利质量的因素包括实体与程序两个方面。其中实体方面的因素包括技术说明、可专利性标准中对新颖性、创造性以及实用性的要求；程序方面包括程序的公正与效率。并且提出仅仅在事后环节中发现授权专利存在问题并不足以提高欧洲的专利质量，而这必须要通过扩大获取现有技术范围的能力以及分类能力等来实现。在加强审查力度，严把质量关的思路下，专利审查环节需要重点解决的问题就是现有技术的完全、有效地检索（The Staff Union of the European patent Office，2002）。❶ 登特（Dent）认为专利质量的检验应当根据专利产生的程序来进行，所以专利审查程序的质量是专利质量的基础，对于专利审查程序的运行机制没有深入的研究，是无法得到高质量的授权专利。同时他还提出审查员是专利审查工作的核心，因此在审查程序的设计中需要引入对审查工作质量的评价机制，以做到激励与处罚的有效执行（Dent，2007）。❷ 卡茨纳尔逊（Katznelson）则建议在考核审查员时需要处罚的行为应当仅针对错误授权而不应当包括错误拒绝（Katznelson，2010）。❸ 一些学者也从获取现有技术信息的角度对专利审查改革提出了建议，托马斯（Thomas）表示美国低质量专利常常被授权的本质原因在于审查员现有技术信息的不足，具体而言就是审查员在审查的过程中几乎完全依靠专利信息来判断申请的新颖性与非显而易见性，这并不是由于非专利文件在审查中不重要，而是由于专利文件信息可通过检索的方式直接获得，但是非专利文件需要花大量的时间和精力去获得。托马斯提出解决专利质量问题的根本在于扩大审查员便捷获取非专利文件技术信息的渠道。除了非专利

---

❶ The Staff Union of the European Patent Office. A Quality Strategy for the EPO［J］. Working Paper of European Patent Office，May 2002.

❷ Christopher Dent. The Responsibility of the Rule-maker：Comparative Approaches to Patent Administration Reform［J］. Berkeley Technology Law Journal，2002，17（2）：728-761.

❸ Ron D. Katznelson. Patent Examination Policy and the Social Costs of Examiner Allowance and Rejection Errors［J］. Stanford Technology Law Review，2010，43（5）：1-30.

文件现有技术信息之外，造成审查员信息障碍的原因还包括地域以及技术领域的限制（Thomas，2001）。❶ 阿塔尔和巴尔（Atal and Bar）提出双层次的专利审查体系，即对一部分专利申请采用相对而言更严格的审查标准，并收取更高的费用，而这一部分申请在授权证书上也将区别于其他的申请，这与我国发明专利与实用新型专利的划分十分相似（Atal and Bar，2014）。❷ 萨姆帕特（Sampat）通过实证研究发现美国专利商标局的审查员对于检索美国之外的现有技术信息存在很大的劣势，并且相对于传统的机械与化学领域而言，近几年发展起来的电子、电信以及IT等领域的技术更为复杂，这些领域内的申请者往往不愿提供或者提供一些错误的现有技术信息以获得更宽泛的专利保护，却很难在审查时被发现（Sampat，2005）。❸ 格拉夫（Graf）认为专利审查中授权专利质量的决定性程序在于确定现有技术，而目前投机性专利申请大量存在的原因也正是投机者基于对专利局缺乏现有技术信息这一事实的认知。而为美国专利商标局提供更多渠道以使得审查员在审查中能够快捷、准确地获取现有技术信息可以有效地解决专利质量的问题（Graf，2007）。❹ 对于解决现有技术信息的缺陷问题，国外很多学者提出了具体的政策以及制度建议以使得现有技术信息可以从技术专家处转移到专利局。一些学者提出可以将通过现有技术检索外包的机制将检索现有技术信息的职能置于专利局之外，如杰弗里（Jeffrey）认为现有技术的检索与可专利性的判定是两个既有联系而又相对独立的工作，如果将现

---

❶ John R. Thomas. The Responsibility of the Rulemaker：Comparative Approaches to Patent Administration Reform［J］. Berkeley Technology Law Journal，2002，17（2）：726-761.

❷ Atal V. and Bar T. Patent Quality and a Two Tiered Patent System［C］. Working paper of Cornell University，July 2013.

❸ Bhaven N. Sampat. Determinants of Patent Quality：An EmpiricalAnalysis［EB/OL］. 2005. http：//siepr. stanford. edu/programs/SST_Seminars/patentquality_new. pdf_1. pdf. 2014-5-13.

❹ Susan Walmsley Graf. Improving Patent Quality Through Identification of Relevant Prior Art：Approaches to Increase Information Flow to the Patent Office［J］. Lewis & Clark Law Review，2007，495（11）：43-56.

有技术检索的工作从美国专利商标局分离而让其专注于可专利性判定的工作，将在一定程度上提高美国专利审查的效率（2003）。一些学者从加强申请人对现有技术披露义务的角度进行论述，如凯森（Kesan）认为在专利审查的过程中，专利申请人与专利局之间存在严重的信息不对称，而通过激励与惩罚并行的现有技术披露机制可以削弱这种信息不对称。凯森提出可以在专利审查中建立一个选择机制，即如果专利申请人在提出申请的同时向专利提供包括披露所有的相关现有技术以及权利要求与所披露的现有技术的关系之分析。如果专利申请人做出这种选择，则具有推定其所披露的现有技术是有效的（2002）。[1] 还有些学者进一步提出对第三方提供现有技术的信息予以激励，如托马斯提出可以建立一种激励机制，在专利公开后实质审查前，允许第三方向专利局提供现有技术信息，如果该现有技术信息能够使申请中的任何一条权利要求被否定，则提供现有技术信息的第三方将会获得奖励，而该奖励来源于对申请者的罚款（Thomas，2001）。[2] 皮卡尔和波特尔（Picard and Potterie）从专利审查中审查单位行政支配权的角度，提出了审查程序改进的建议（Picard and Potterie，2013）。[3]

国内一些学者从宏观层面提出了专利审查改革的方向，如梅夏英认为，当前在我国的专利审查中确实存在缺陷，这使得错误授权的情况时有发生，最终导致整体专利质量的不高，对此许多研究集中在如何完善专利审查制度。但是梅夏英认为专利审查制度反映的问题是专利制度根本性质与现实可行性方案之间的本质矛盾，这一矛盾在各国都普遍存在，并且是无法从改革专利审查制度本身就能得到解决的（梅夏

---

[1] Jay P. Kesan. Carrots and Sticks to Create a Better Patent System［J］. Berkeley Technology Law Journal，2002，17（2）：763-797.

[2] John R. Thomas. The Responsibility of the Rulemaker：Comparative Approaches to Patent Administration Reform［J］. Berkeley Technology Law Journal，2002，17（2）：726-761.

[3] Pierre M. Picard，Bruno van Pottelsberghe de la Potterie. Patent office governance and patent examination quality［J］. Journal of Public Economics，2013，253（104）：14-25.

英，2002）。❶ 又如孙国瑞认为目前我国专利审查中存在两对矛盾：一是专利申请审查员数量与专利申请量之间的矛盾，近年来虽然我国专利审查员队伍有了一定程度的扩充，然而这种扩充的速度远远无法赶上专利申请的增长速度，每个审查员所分配的工作量都有增无减；（2）专利审查质量与专利审查速度的矛盾，审查员总是面临牺牲审查质量（速度）以换取审查速度（质量）之间的决策，而这两者都会影响到专利制度对技术创新的激励作用（孙国瑞，2007）。❷ 还有一些学者具体从完善专利局获取现有技术信息机制的角度，对专利审查的改革提出了建议，如程良友、汤珊芬认为可以借鉴美国专利审查改革的实践放开部分专利的审查，并在信息共享上与国外审查机构合作（程良友、汤珊芬，2007）。❸ 又如袁晓东、刘珍兰提出可以通过鼓励第三方公众参与专利审查的方式解决现有技术信息的短缺，其中设置合理的激励机制是这一方案有效施行的关键（袁晓东、刘珍兰，2011）。❹

## 四、关于专利申请费用的研究

国内外关于专利申请费用的研究，主要集中在专利申请费如何通过改变专利申请人的行为从而对技术创新产生影响，这些研究在一定程度上反映了本书所推崇的利益驱动机制。

国外学者中对专利申请费用调节机制研究最深的是卡约和杜赫尼（Caillaud and Duchêne），其通过建立专利审查理论模型研究了专利申请量的增长对创新企业投入研发以及申请专利策略的影响，提出单纯地

---

❶ 梅夏英.财产权构造的基础分析［M］.北京：人民法院出版社，2002.

❷ 孙国瑞.专利法修订有助于提高专利质量［J］.中国发明与专利，2007（2）：28-29.

❸ 程良友，汤珊芬.美国提高专利质量的对策及对我国的启示［J］.科技与经济，2007（3）：48-50.

❹ 袁晓东，刘珍兰.专利审查中现有技术信息不足及其解决对策［J］.情报杂志，2011（3）：84-88.

进行专利审查质量控制并不能有效地解决授权专利的质量问题，而应当通过法定非显而易见性标准以及专利申请费用等政策性工具的合理设置来使专利申请的均衡结果从低研发水平向高研发水平发展，其中高研发水平均衡将会自动激励高质量的专利申请以及排斥低质量的专利申请，从而节约专利审查的成本。具体而言，为了达到高研发水平均衡，专利申请费用不能过高，因为过高的专利申请费用将减少研发投资的边际收益从而减少甚至消除专利对技术创新的激励作用，同理法定非显而易见性的标准过高也会抑制技术创新。同时专利申请费用以及法定非显而易见性的标准也不能过低，因为过低的后果将同时减少投机性专利的申请成本，从而导致大量低质量专利申请的涌入，最终带来严重的专利积压问题。卡约和杜赫尼最终指出建立高效率的专利审查系统的关键就在于合理地设置专利申请费用以及法定非显而易见性标准这样的政策性工具（Caillaud and Duchêne，2010）。❶ 费舍尔和加里林格勒（Fischera and Ringlerb）研究了专利申请费用对解决专利丛林问题所能起到的作用（Fischera and Ringlerb，2014）。❷ 佩雷尔（Perel）通过实证研究提出了专利审查费用在专利质量向专利价值转化的过程中所起到的中介作用（Perel，2014）。❸ 加埃唐（Gaetan）则通过DID双重差分回归得出专利费用与专利质量具有显著的正相关性（Gaetan，2012）。❹ 拉伊（Rai）也认为近几年美国专利商标局一直在努力从国会获取更大范围的申请费用设定自主权，以更好地实施政策调节专利申请人的行为（Rai，

❶ Bernard Caillaud，Anne Duchêne. Patent office in innovation policy: Nobody's perfect［J］. International Journal of Industrial Organization，2011，29（2）：242-252.

❷ Timo Fischera，Philipp Ringlerb. What patents are used as collateral? An empirical analysis of patent reassignment data［J］. Journal of Business Venturing，2014，29（5）：633-650.

❸ Maayan Perel. An Ex Ante Theory of Patent Valuation: Transforming Patent Quality Into Patent Value［J］. Journal of High Technology Law，2014，148（14）：148-236.

❹ Gaetan de Rassenfosse. Are Patent Fees Effective at Weeding out Low Quality Patents?［C］. Working Paper of ZEW Centre for European Economic Research，June 2012.

2009）。❶ 托马斯则在更早时候明确提出美国专利商标局自主决定申请费用将有助于提高授权专利的质量（Thomas，2001）。❷

国内学者中，王建华研究了英国专利审查费用减少的社会效应，他提出英国的专利审查费由原先的130英镑削减至70英镑这一变化的直接受益者是中小企业，而所带来的直接社会影响是加强专利制度对技术创新的激励作用（王建华，1997）。❸ 文家春研究专利费用对申请人行为的调节效应，其指出专利费用除了维持专利审查单位的日常开支之外，更大的意义在于作为政策性工具调节申请人的行为（文家春，2012）。❹

## 五、关于专利无效制度的研究

总体而言，国外学者对专利无效制度的研究，都是将其视为专利质量的事后控制机制，从规制无效诉讼中的和解行为入手进行研究，以试图最大程度发挥其发掘低质量专利的作用。而我国学者对专利无效制度的研究，则大多从法学视角入手，仅考虑如何通过相关程序的改进，使得专利无效制度在现有功能下更高效运行，而没有去研究专利无效制度如何进一步发挥专利质量控制的作用。

### （一）关于专利无效程序功能的研究

对于专利无效诉讼的功能，国外学者很少有将其作为一个单独的问题进行研究，在国内学者中许浩提出在当下的专利申请以及专利审

---

❶ Arti K. Rai. Growing Pains in the Administrative State：The Patent Office's Troubled Quest for Managerial Control ［J］. University of Pennsylvania Law Review，2009，157（6）：2051-2081.

❷ John R. Thomas. Collusion and Collective Action in the Patent System： a Proposal for Patent Bounties ［J］. University of Illinois Law Review，2001（1）：305-353.

❸ 王建华. 英专利审查费今年起削减近半［J］. 发明与革新，1997（10）：1.

❹ 文家春. 专利审查行为对技术创新的影响机理研究［J］. 科学学研究，2012（6）：848-855.

查现实下，问题专利是不可避免的，因此专利无效宣告作为引导第三方对错误授权专利进行事后补救的程序，其作用是不可忽视的（许浩，2008）。❶胥梅认为专利无效宣告制度的功能体现在以下两个方面：（1）消除专利审查程序中产生的专利瑕疵以提高专利质量，虽然专利授权具有对所保护技术方案的权利宣誓的作用，但是其效力并不是绝对的。我国的现实情况是专利申请逐年递增，技术方案日渐复杂，而专利审查机关的审查资源与所掌握的技术信息又是相对有限的，因此即使是经过实质审查程序的发明专利也难免存在新颖性、创造性以及实用性方面的问题，就更不用说仅仅经过初步审查程序就获得授权的实用新型专利与外观设计专利，因此在专利制度中设置无效宣告程序作为事后控制措施通过社会第三方主体的参与对专利质量予以监督，并提供技术材料启动再次审查程序有十分重要的意义。（2）平衡专利权人与社会公众之间的利益，专利制度作为一种人为创设的制度，其本质就是均衡专利权人与社会公众利益的契约，根据该契约专利权人有享有一段时期内垄断利润的权利，但是要承担公开技术方案的义务。而依照我国专利法的规定，专利权的取得需要经过国家知识产权局的审查，但是在专利审查的过程中由于技术信息不对称、申请人策略等多方面的原因，不符合可专利性条件而被授权的申请大量存在，这不仅消减了市场竞争对手的利润空间，还有可能对社会公众对公有领域的技术使用造成阻碍。而专利无效宣告程序可以使上述扭曲的利益分配回到均衡的位置（胥梅，2012）。❷

（二）关于专利无效程序完善的研究

国外学者中，崔（Choi）提出专利无效诉讼可以作为一种信息传递机制，通过专利权人在专利无效诉讼中的行为可以对专利的质量等相关

---

❶ 许浩.破解"专利循环诉讼"怪圈［J］.中国经济周刊，2008（45）：34-36.
❷ 胥梅.试析我国专利无效宣告制度的完善［D］.西安：西北大学，2012.

信息作出判断，因此应当在无效程序中设置相关机制以保障上述信息传递的畅通（Choi，2012）。❶ 莫伊雷尔（Meurer）则研究了专利许可作为专利无效诉讼和解条件的一部分对专利无效诉讼有效性的影响，其指出由于和解对专利无效程序的消极影响，应当从反垄断等层面对和解中的专利许可协议进行规制（Meurer，1989）。

国内学者中，胥梅从宏观方面提出应当在以下三个方面完善专利无效宣告制度：首先，应当从本质属性上明确专利复审委员会的准司法地位，这样可以使得专利复审委员会出于居中裁判者的位置，而对于专利复审委员会决定不服向法院提起诉讼的性质也从行政诉讼变成了民事诉讼，从而杜绝了效率低下的循环诉讼的发生；其次，应当将专利无效宣告作为对专利有效性判断的初审，使其具有与法院判决相同的效力，这样可以解决在我国专利效力问题中普遍存在的"三审终审"现象；最后，应当将专利无效宣告案件参照民事诉讼程序进行，具体而言，受诉法院可以直接对专利权效力作出判断，而不需要终止程序来等待专利复审委员会的决定。这三个方面的改革如果落实，可以极大地节约诉讼成本，并调动社会公众挑战无效专利的积极性（胥梅，2012）。❷ 艾可颂提出专利无效宣告的主体规制方面应当将检查机关、行业协会以及市场监管机关增加为提出专利无效宣告的合法主体，同时还应当建立专利公众基金会（艾可颂，2008）。❸

## 六、关于专利审查与专利无效程序协同机制的研究

到目前为止，国内并没有学者研究这两种专利质量控制程序之间的

---

❶ Jay Pil Choi. Patent Litigation as an Information-Transmission Mechanism ［J］. The American Economic Review，1998，88（5）：1249−1263.

❷ 胥梅.试析我国专利无效宣告制度的完善［D］.西安：西北大学，2012.

❸ 艾可颂.我国专利无效制度的完善［D］.上海：华东政法大学，2008.

合作机制，而国外一些学者研究了以专利无效制度代替专利审查制度部分功能的可能性。如莱姆利提出合理忽略主张，他的研究主要基于以下两点：其一，专利授权在本质上由两个程序构成，在专利局的事前审查行为之外还包括社会公众事后对授权专利提出无效诉讼的行为，莱姆利对这二者分别命名为公共实施与私人实施；其二，莱姆利进一步指出，由于对特定领域现有技术信息的了解，私人实施者相对于公共实施者在对发明创造的价值判断上更具优势，这一优势集中体现在私人实施者能够以更低的检索成本找到现有技术的相关信息。基于上述两点，莱姆利提出与其在专利审查中投入大量资金成本与人力资源成本来保证每一份专利申请都严格审查，更有效率的做法是降低专利审查质量而允许一定数量的问题专利获得授权，这些问题专利最终将会由于私人实施者提出无效而得到控制。正是基于合理忽略的理论，美国在一段时期内一直实行所谓的"亲专利政策"，总统经济顾问委员会的报告即明确地指出了更广泛地授权以扩大专利保护范围的必要性，而根据美国专利法的规定，专利授权的法律意义仅仅是给予一个专利申请有效的假设，而最终确定专利权效力的职责在无效案件受案法院（Lemley，2001）。❶ 基于上述这些社会问题，一些学者从学理层面对莱姆利的合理忽略理论提出了质疑，其中邱（Chiou）在承认两点假设的基础上提出：私人实施者的无效诉讼行为是否能够准确地找到目标——低质量的专利。最终邱指出由于低质量专利的专利权人在无效诉讼中往往倾向于选择和解，因此通过私人实施的途径并不能达到对专利质量的事后控制（Chiou，2004）。❷ 杰夫和勒纳（Jaffe and Lerner）在研究中表示尽管他们认同莱姆利提出的私人实施者的检索成本低于公共实施者，因而对于每一

---

❶ Mark A. Lemley. Rational Ignorance at the Patent Office［J］. Northwestern University Law Review，2001，95（4）：1495-1529.

❷ Jing-Yuan Chiou. The Patent Quality Control Process：Can We Afford An（Rationally）Ignorant Patent Office［J］. American Law & Economics Association Annual Meetings，2008，1-35.

件专利申请都进行的严格的审查是不经济的，但是他们同时指出莱姆利在社会福利的分析中忽略了授权专利效力的不确定所带来的社会成本，这种成本将很大程度地削弱专利制度对技术创新的激励效应（Jaffe and Lerner，2006）。田中新井（Koki Arai）在邱研究的基础上进一步提出，亲专利政策虽然可以使得一国企业在短期内获得更多的收益，但是由于问题专利的大量出现，最终将损害该国的技术创新能力（Koki Arai，2010）。布尔克和莱姆利（Burk and Lemley）则提出美国专利商标局以及法院正在试图采取一些新的政策以试图控制专利诉讼的滥用（Burk and Lemley，2009）。

## 第三节　研究方法

在研究上，综合运用微观经济学、公共管理学、企业管理学以及法学的研究方法。

（一）理论模型研究方法

在研究专利申请人的经济动因时，将技术创新成果的创造性高度与技术创新投入以及专利申请量与投机性专利申请获得授权的概率等关系通过理论模型表示，最终通过对比专利投机者与技术创新者之间的收益差额，探讨专利申请语境下的柠檬市场效应如何发生、专利审查费用以及创造性标准的变化对不同专利申请人申请决策的影响；在研究专利审查员的经济动因时，将专利审查员投入到两种不同任务上的努力程度与完成该任务的概率，以及与短期工资和长期晋升稳定这些因素之间的关系通过理论模型表示，研究了不同人力资源管理体制对专利审查员行为的影响；在研究无效请求人经济动因时，通过合理的假设与抽象，将专利审查以及无效程序的过程简化为可以用数学公式表达的模型，先静态地探讨专利申请创造性、专利审查努力程度以及专利申请获得授权概率之间的关系，并在此基础上进一步探讨不同专利审查质量所带来的社会平均专利质量预期对无效请求人与专利权人之间博弈结果的影响。

（二）博弈分析法

在研究专利无效与诉讼关系时，建立专利质量信息不对称情形下，和解以及诉讼中无效请求人、投机性专利权人、技术创新专利权人的报酬矩阵，并探讨各种博弈结果对专利无效程序清除低质量专利效率的影响。

（三）系统分析法

系统分析法以系统论的基本理论为基础，将若干个看似孤立的因素之间的关系从整体的角度予以研究。本书将专利审查制度以及专利无效制度作为专利质量控制的一个系统，其中专利审查制度以政府为主导，专利无效制度以社会公众为主导，政府所制定的专利审查政策不仅会影响该部分的专利质量控制效果，还通过一定的方式影响系统中另一部分即专利无效制度的运行，而本书的重点在于研究这种系统内部相互作用的机制。

（四）实证分析法

在判断我国继续提高专利审查质量会对专利无效程序产生何种影响时，本书以2004年专利审查改革为临界点，在专利复审委员会审查决定查询数据库中，选取"发明"与"无效"为限定条件，按照国际专利分类号8个部所对应的字母进行检索，人工统计宣告全部无效、维持有效以及宣告部分无效这三类决定结果的频数。考虑改革落实的滞后性，删除了2004年的数据，同时为了保证期间的对称，将2001年1月1日后授权并且在2004年1月1日前作出无效宣告决定的专利归入组Ⅰ，以表征审查改革之前的情况；将2005年1月1日后授权并且在2008年1月1日前作出无效宣告决定的归入组Ⅱ，以表征审查改革之后的情况。最终通过计分比较的方式比较改革后无效程序发掘低质量专利的效率是否显著高于改革前。

（五）案例分析法

在研究专利扩张行为的规制时，本书选取两个案例进行分析，分别探讨禁止反悔原则的引入如何对专利申请人"通过模糊的技术特征描述向现有技术扩张"以及"通过过宽的上位概况或功能限定向未解决的技术问题扩张"的行为发挥限制作用；在研究专利无效宣告结果正外部性对无效程序的影响时，本书选取两个案例研究正外部性效应是如何促使无效请求人选择与专利权人和解，或导致其在无效程序中投入的不足。

# 第四节　本书结构

本书的研究内容主要分为六个部分。

第一部分，描述本书的研究目的与意义，对国内外相关研究进行综述，并对本书的主要内容和创新点进行总结和提炼。

第二部分，以熵的理论为基础，总结我国与国外专利政策发展的一般规律，提出一国从建立专利制度开始专利政策要经历追求规模与保护性封闭、外部负熵的引入以及内部熵增的控制三个阶段。在评价我国已实施专利政策时提出我国已实施的专利政策从发展轨迹上并不存在方向性错误，而我国未来政策的路径应当转向系统内部熵增的控制，即通过创新主体行为的引导而非行政手段来实现整体的有序。

第三部分，研究如何通过引导专利申请人行为解决专利系统的问题。本书从申请人的专利投机行为与专利扩张行为两方面进行分析：首先，通过柠檬市场理论研究专利申请人与专利审查单位之间的信息不对称，是如何使得投机性专利申请这一"劣币"将技术创新专利申请这一

"良币"清出市场的，而一味地提高法定授权标准又是如何使得上述柠檬市场效应加剧的；其次，本书分析申请人专利扩张行为的具体表现形式，并结合案例说明通过引入禁止反悔原则，以及在权利要求解释时向周边主义原则靠拢通过对申请人经济的影响，与能够产生的效果。

第四部分，研究如何通过引导专利审查员的行为以平衡专利审查速度与质量的关系。首先在委托—代理理论的基础上，分析专利审查单位与专利审查员之间的目标异质性与信息不对称的情况。然后通过建立理论模型，分析欧洲专利局的固定工资体制与美国专利商标局的数量绩效奖金对专利审查员理性工作规划的影响。在上述模型的基础上，进一步探讨引入质量绩效奖金这一变量将会带来的益处。最后，总结我国国家知识产权局现有审查质量管理体制的问题，对其改进提出合理化建议。

第五部分，基于无效请求人的经济视角，研究影响专利无效程序事后质量控制的因素。其中包括与无效请求人的行为直接相关的因素，如现有技术抗辩、和解、资金投入差，也包括间接影响无效请求人行为的因素如专利无效的正外部性、专利权人的威胁策略、专利质量信息不对称以及专利审查质量；并从间接因素着手，对如何提高专利无效程序在专利质量控制中所起到的作用提出建议。

第六部分，根据以上分析，对全书的结论进行总结，并对进一步研究的方向进行展望。

## 第五节　基本框架

本书的研究思路如图1-1所示。

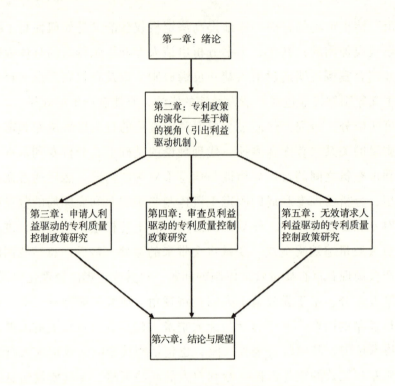

图1-1　本书的技术路线

首先，通过总结各国专利政策发展的一般规律，并结合熵的理论得出政策发展的方向应当是通过对相关主体利益的引导而实现专利系统内部的"自组织"。在此基础上，本书以三个并列的章节，分别研究如何对专利申请人、专利审查员以及专利无效请求人的行为进行引导。最终在上述分析的基础上提出相应的建议，并对未来研究的方向进行展望。

## 第六节　主要创新点

（1）从熵的视角，并结合世界各国的共性归纳出专利政策演化的一般路径：初期的政策往往表现出对规模效应的偏好以及对本国利益的区别性保护；随后政策的特点会转变为通过行政力量调配资源与设置审查管理制度来实现对专利系统有序的追求；而最终的政策则会发展到通过引导创新主体的行为来实现专利系统自组织的路径上。对我国已实施的专利政策给出客观的评价，并对未来政策价值取向的实现机理给出大方向上的建议。

（2）在分析专利申请人经济理性时，借用微观经济学中的"柠檬市场"理论，通过研究专利申请语境中专利投机行为对技术创新行为的排斥效应，得出当专利积压较为严重使得投机性专利申请被授权的可能性较大，并且法定专利授权标准过高时，专利投机行为会将技术创新行为清出市场，并从减少信息不对称以及异化收益的角度提出上述"柠檬市场"效应的解决途径。

（3）在分析专利审查员的经济理性时，以委托—代理理论为基础，提出从专利审查单位与专利审查员之间的目标异质性与信息不对称两个构成要件分析，可以得出专利审查单位内部存在委托—代理问题发生的土壤。以欧洲专利局与美国专利商标局的人力资源管理体制为现实基础，分别建立专利审查员理性努力规划的模型，探讨不同体制对专利审查工作的影响，最终提出解决委托—代理问题的途径——质量绩效奖金的引入，并从模型修正的层面验证这一途径的效果。

（4）在分析专利无效请求人的经济理性时，构建影响我国专利无效程序质量控制作用的因素图，提出现有技术抗辩、和解、资金投入差别等因素会直接影响无效程序的效率，而正外部性、威胁策略、信息不对称、专利审查质量等因素则会间接地影响无效程序的效率。其中在分析专利审查质量的影响时，建立专利权人与无效请求人的博弈模型，得出专利审查政策的改革会通过影响社会平均专利质量而进一步影响专利无效请求人在博弈中的收益期望，并且最终对专利无效制度的运行产生影响。

# 第二章 专利政策的演化
## ——基于熵的视角

专利作为法律拟制的财产权利，具有很强的政策导向性。在现实中，政府为了实现激励技术创新和促进经济发展的目标，综合运用包含下位子政策、制度性规定以及其他配套措施的专利政策体系。❶ 而一段时期中，体系内的政策构成要素应当具有良好的内部协同性，表现出相同的价值取向与实现机理。对一个国家或地区来说，专利系统内存在的问题是系统内主体共同理性行为的结果，并且这一结果是受政策工具引导的，我国现有的专利质量以及授权时滞问题是先期政策效果累积的存量。因此，理解专利系统问题存在的原因，并找到解决的方法，需要从历史视角综合梳理专利政策演化的路径。然而，到目前为止，我国学者对专利政策的研究大多限于某一具体政策的静态分析，缺少对政策整体如何随本国经济与技术发展而演化的关注。

基于现有研究的上述局限，本章将结合其他国家的共性，基于动态的视角研究我国专利政策的演化路径，并希望重点解决以下两个问题。

（1）关于我国已实施的专利政策效果的评价，存在截然相反的意见：一方面是基于我国专利申请量与授权量进入世界前列以及出现华为这样本土专利"航母"的首肯，另一方面有对我国专利质量以及授权时

---

❶ 周红桔. 广东高新技术企业专利政策分析［C］. 广东社科学学术年会——地方政府职能与社会公共管理论文集，2011，695-704.

滞延长的质疑。❶ 那么，应当如何解释这种完全相反的评价意见，并对我国已实施的专利政策作出客观全面的评价？

（2）针对我国现有的专利质量整体不高以及专利授权时滞延长等突出问题，国家专利行政管理部门已投入大量的资源来试图解决，但从整体上看这些问题依然存在，对此是否存在其他可行的政策思路方向？

上述第一个问题的本质为解释，第二个问题的本质为构建，下文将尝试通过引入熵的理论对二者进行探究。需要指出的是，下文的研究将完全基于政策在实质上是否对本国有利出发，而不从政策伦理上对其正当性予以评判。

## 第一节　熵的理论基础

### 一、熵的含义

"熵"从词源上看源自希腊语，用以表示变化的容量。德国物理学家克劳修斯（Clausius）在研究制冷机时，总结出了热力学第二定律，并将其表述为：不可能把热量从低温物体传导到高温物体而不引起其他变化。而英国物理学家开尔文（Kelvin）对热力学第二定律表述为：不可能把热量从单一热源取出使之完全变为功，并不产生其他任何影响。从热功当量的角度来看，上述两种表述是完全一致的，指出了自然界中与热现象相关的本质规律。克劳修斯于1856年在《热之唯动说》中用"熵"度量物质系统中能量衰竭的程度（Clausius，1856），❷ 从而能

---

❶ 朱雪忠. 辩证看待中国专利的数量与质量［J］. 中国科学院院刊，2013（4）：435-441.

❷ Clausius. On a modified form of the second fundamental theorem in the mechanical theory of heat ［J］. Philosophical Magazine Series 4，1856，77（12）：81-98.

够将热力学第二定律用公式表示，此熵也被称作热力学熵，用S表示。在卡诺循环中，熵的变化等于单位热力学温度的吸热量：

$$d_s = \frac{d_Q}{T} \qquad （2-1）$$

在式（2-1）中，$d_s$表示系统中熵的变化，$d_Q$表示系统与外界所传递的热量，则表示系统边界的热力学温度。❶

波尔兹曼（Boltzmann）于1870年在研究分子运动论的基础上发现，处于不同能级状态的分子微观状态个数N的对数与系统的熵值成正比：

$$S=KInN \qquad （2-2）$$

波尔兹曼认为熵可以作为统计学中表征系统无序程度的指标，由式（2-2）可得，在其他因素不变时，系统的规模越大，微观状态个数越多，此时系统的熵也会越大，无序程度则会越高（1870）。❷

对比来看，克劳修斯认为熵属于一个宏观的物理量，其适用的范围局限于热力学封闭系统中的平衡态，当热力学系统处于非平衡态时，克劳修斯熵就不能够适用，此外克劳修斯熵的适用范围还局限在热力学过程中，对于不涉及能量转换的非热力学过程都是不适用的。而波尔兹曼认为熵是与微观状态数直接联系的，属于微观熵的范畴，其不仅适用于热力学封闭系统的平衡态，并且对于任何非平衡态都是成立的，此外波尔兹曼熵中的热力学概率还可以推广到非热力学系统中。❸

---

❶ 汪志诚. 热力学·统计物理［M］.北京：高等教育出版社，2008：48.

❷ Boltzmann. Ueber die Ableitung der Grundgleichungen der Capillarität aus dem Principe der virtuellen Geschwindigkeiten［J］. Annalen der Physik，1870，217（12）：582-590.

❸ 苑娟，万焱，褚意新.熵理论及其应用［J］.中国西部科技，2011（2）：42-44.

1948年，美国数学家香农（Shannon）将波尔兹曼熵引入信息论的研究之中，其将熵视作某一随机事件不确定性的度量，信息熵的概念由此而生。具体而言，信息是指某些抽象的，可以被随意存储、提取、传递以及交换的资料与数据的集合，而信息熵可以定义为：

$$S = -k\sum_{i=1}^{N} P_i \ln P_i \qquad （2\text{-}3）$$

在式（2-3）中，N代表信号源的个数，$P_i$ 则代表第i个信号出现的概率，$\ln P_i$ 代表第i个信号携带的信息量，k代表路径系数。从数学意义上来看，信息熵表示对信息量大小的衡量。

随着信息熵的引入，熵的概念逐步跳出了热力学与统计学的范畴，被极大地扩展，解决了信息的定量描述问题。

（1）在生物学领域，熵的概念被引入研究生命机体与生命过程。从本质上来看，一个生命体可以被视作一个开放的热力学系统，在绝大多数情况下，该系统处于非平衡的稳态，也就是说，在较短的生物节律周期内，熵是基本不变的。生命体内的消化、血液流动以及新陈代谢在本质上都属于不可逆的过程，会使体内的熵值正向增加。而生命体外部的熵主要通过与环境进行物质与能量交换输入生命体内。对于动物而言，其从食物中吸收糖类、脂肪以及蛋白质，经过消化作用排出杂质、二氧化碳和水，是一个吸收负熵排出正熵的状态，从而在一定程度上维持了生命体系的有序。基于此，生物学通过熵对衰老现象作出解释——在生物体衰老的过程中，物质要素并没有显著减少，能量要素也可以随时补给，因此衰老的本质在于生物体内系统无序程度的增加，生命过程的本质就是在与熵增进行对抗。

（2）在生物学的基础上，熵的概念还被进一步纳入医药学的研究范围。对生命体而言，健康在本质上属于非平衡系统的稳态，而疾病在本质上则是由于生命体在短期内正熵累积过多而出现的无序与紊乱的状态。从理论上讲，当生命体处于疾病的状态时，行之有效的方法就是向体系内引入负熵以缓解已有的紊乱与无序。从实践上看，现有对疾病治疗的化学疗法、物理疗法以及饮食疗法都反映了这一原则。

（3）在生态学领域，熵的概念也用来解释生态环境中的诸多问题。伴随着物质文明的进步与经济的发展，人类对自然资源的消耗也在加剧，如树木的滥砍滥伐、珍禽异兽的肆虐捕杀、工业废弃物的大量排放等，人类不断从自然界获取物料资源，同时排放大量的废气、废液、废渣和生活垃圾。从本质上看，人类从自然界获取了负熵，而向生态环境中排放了大量的正熵。因此，相关学者指出人类在汲取负熵资源，享用现代文明的同时，应当警惕地意识到大自然不能为人类提供无限的资源、生存空间和废料场，大自然的调节机制不是万能的，自然界有其自身发展的界限，保护环境势在必行。

随着现代企业规模的扩大化与社会结构的复杂化，熵的思想进一步跳出自然界，被运用到企业管理与公共管理之中解决无序问题。追根溯源，熵的理论能够从自然科学境域延伸到社会科学境域，是因为自然科学与社会科学具有某些共性特质，正如诺贝尔化学家获得者索迪（Soddy）所言，熵的定律最终支配着政治制度的盛衰以及商务实业的命脉（Soddy，1931）。❶ 但是对于管理组织而言，其除了具备自然系统的基本属性之外，还具备生命性以及智慧性这样的独特属性，因此不能够机械地套用朴素的热力学第二定律与自然耗散结构对管理组织的有序度进行分析，管理熵的概念便应运而生，用以描述管理组织在一定时空中能量状态和有序程度的综合集成的非线性效能比值状态。

## 二、熵增原理

可以说熵对自然界以及社会系统的支配作用就体现在熵增原理之

❶ Frederick Soddy. Wealth，virtual wealth and debt ［EB/OL］. http：//agris. fao. org/agris-search/search. do?recordID=US201300359948.

上，根据该原理，在封闭系统中任何不可逆过程的熵都是增加的。[1] 也就是说，当系统与外界没有物质或能量交换时，其无序程度一定会增加。

当系统的本质为包含耗散路径的开放系统时，熵增原理的表述则需进行修正，如公式（2-4）所示：

$$d_s=d_{es}+d_{is} \qquad\qquad （2-4）$$

式（2-4）中，$d_s$表示系统的总熵变，表示系统与外部环境进行物质或能量交换所产生的熵值，其值可能为正也可能为负；$d_{is}$表示系统内部不可逆过程引起的熵变，单纯考量$d_{is}$就相当于着眼于一个封闭系统，根据上文可得其值必然为正。[2] 式由（2-4）可得，自然以及社会系统的无序程度都是由内外部因素共同决定的。

对管理组织而言，其自身会消耗物质、能量以及信息，从而导致管理组织内部正熵不断增加，集中的表现就是管理组织的无序度增加以及效率降低。而合理管理制度的设定，能够引入一个管理耗散系统，该系统区别于自然耗散系统，在本质上属于远离平衡态的、开放的、复杂的管理系统。通过管理耗散系统，管理组织可以形成自组织体系而与外界进行物质、能量以及信息的交换，从而实现组织的负向熵增。[3]

对于管理组织而言，形成耗散系统需要具备以下三个条件。[4]

（1）管理组织必须是远离平衡态的开放复杂系统，同外部环境有诸如资本、技术、人力资源、产品及信息的交换；

（2）管理组织所处环境的变化达到一个特定阈值时，将引起组织内

---

[1] 汪志诚. 热力学·统计物理［M］. 北京：高等教育出版社，2008.

[2] 马扬，张玉璐，王荣. 科研组织的管理熵问题初探［J］. 科学学与科学技术管理，2004（2）：12-15.

[3] 邱菀华. 管理决策熵学及其应用［M］. 北京：中国电力出版社，2010.

[4] 任佩瑜，王苗，任竞斐，吕力，戈鹏. 从自然系统到管理系统——熵理论发展的阶段和管理熵规律［J］. 管理世界，2013（12）：182-183.

部各亚组织的非线性相对运动和协同，如行业技术、市场、产业政策等变化，必然将引起企业内部调整；

（3）通过管理组织内部多个亚组织相对关系的涨落和突变，涌现出新的有序的系统特性。

下文将把我国技术创新体系视作一个大的管理组织，通过熵的理论分析专利政策演化路径的追求规模与保护性封闭、外部负熵的引入和内部熵增的控制三个阶段。

## 第二节　专利政策演化路径分析

### 一、第一阶段：追求规模与保护性封闭

通过对各国专利政策的研究，可以发现在专利制度建立的初期，对专利数量规模的追求以及对本国技术创新主体的倾向性保护是一个共同的政策价值取向。下文将列举政府资助专利申请、不授予专利权对象的设定以及保护性专利审查这三个最具代表性的政策构成要素来分析这一政策价值取向的内涵和具体表现形式，并探究每一政策构成要素所带来的社会效益与弊端。

#### （一）政府资助专利申请

专利费用机制设立之初，仅是为了满足专利审查单位日常开支的需要，随后各国逐渐认识到可以将其作为调节技术创新活动的手段，而对本国专利系统规模的重视主要体现在资助专利申请政策上，其背后所蕴含"先做大，后做强"的发展路径规划已被各国广泛采用。

1.日本的政府资助专利申请政策

专利制度的肇始在日本可以追溯到1885年，而现代日本专利政策的

体系则是从第二次世界大战后开始建立的，在战后百废待兴的国内环境下，日本提出了"技术立国"政策，鼓励国内企业在美国以及欧洲国家先进技术上进行改良性创新。❶ 此后"技术立国"政策又进一步发展为"知识产权立国"政策，并成为指导日本社会经济发展的根本性国策。具体而言，日本政府为了鼓励企业和民众进行专利申请，采取了降低专利申请费、减免专利申请费以及资助专利申请等政策。❷

（1）降低专利申请费。日本经济产业省于2007年召开知识财产战略本部会议，其中对工业产权费用的重构为此次会议的重要议题。随后，日本特许厅于2008年宣布将下调专利以及商标的相关费用，这其中既包括申请费用，也包括续展费用，下调的平均幅度达到12%。根据下调后的费用，一件发明专利维持10年的总费用将从48万日元降到43万日元，维持20年的费用将从95万日元降到78万日元。❸

（2）减免专利申请费。日本的专利申请费减免制度对适用主体有着较为严格的规定，在2006年之前，可以获得专利申请减免的主体仅限于大学教授以及助教。2006年5月，日本综合科学技术会议知识财产战略专项工作组宣布拥有博士学位的研究员也可以有资格获得专利申请费减免，但是相关研究员提出的专利申请不能是高校科研项目的成果，这是出于避免重复资助的考虑。2007年日本国会会议通过的"产业技术强化法修正案"正式从立法层面上确认了减免专利申请费制度。

（3）资助专利申请。作为"知识产权立国"政策的重要组成部分，由日本专利代理人协会主要负责设计并实施，主要举措在于为发明人申请专利提供贷款或资助。对于主体的限定主要是有证据证明自己在经济上无法承担申请费用的专利申请人，以及根据《日本中小企业贸易法》中界定

---

❶ Ove Granstrand. The Economics and Management of Intellectual Property［M］. Edward Elgar Publishing Limited，2000.

❷ 文家春.我国地方政府资助专利费用机制研究［D］.武汉：华中科技大学，2008.

❸ 管湿武.地方政府知识产权管理战略研究——以上海为例［D］.上海：同济大学，2007.

的中小企业。日本代理人协会会对符合条件的主体提供设计专利申请费以及专利代理人服务费用方面的资金援助。而对于向国外申请专利的中小企业，日本地方政府还设立了专利费用补助机制，对中小企业申请国外专利提供高达50%的费用支持。根据日本特许厅的统计，2008年共有约150家日本中小企业获得专利申请资助，资助金额共计约1.4亿日元。❶

2. 美国的政府资助专利申请政策

作为当今世界科技最发达的国家，美国的专利制度至今已有二百多年的历史。在特定的历史时期内，美国曾一度实施"亲专利"政策以鼓励技术创新者通过专利的形式将先进的技术方案向社会公布。在"亲专利"政策的影响下，早期美国对授权专利并不收取年费，❷专利申请费的数额也很低，甚至不足以维持专利审查单位的日常运行。这样的政策设计却带来了投机性专利激增、专利积压以及专利诉讼滥用这样的负面效果，根据相关统计数据，与20世纪80年代相比，90年代美国专利申请总量增加66.83%，❸专利诉讼的数量也增长了数倍。为了解决上述问题，美国对专利费用政策进行了"劫富济贫"式的改革。

一方面，美国改变了专利商标局的财政体制，将专利商标局由政府拨款的机构变为自负盈亏（self-funding）的机构，其日常运行的开支将完全从所收取的专利申请费以及维持费中获得。随后，根据《美国发明人保护法》，美国专利商标局进一步转型为美国商务部直属的绩效单位，通过准公司化的方式运作，而在财务、人事以及采购等方面也享有很大的自主权。美国专利商标局在改革后，于2002、2004以及2007年3次提高了专利申请费与专利维持费。❹

---

❶ 谢静. 日本加大专利费用减免力度 [EB/OL]. http：//www. sipo. gov. cn/dtxx/gw/2006/200804/t20080401_353223. html.

❷ 美国从1982年开始对授权专利正式收取年费。

❸ 许永兵，徐圣银. 长波、创新与美国的新经济 [J]. 经济学家，2001（3）：55-61.

❹ United States Patent and Trademark Office.Revision of Patent Fees for Fiscal Year 2007[EB/OL]. http：//www. uspto. gov/web/offices/com/sol/og/2006/week26/patrevi. html.

另一方面，在大幅提高专利费用的同时，美国专利商标局对中小企业提供了最高可达50%的申请补贴，综合来看中小企业申请专利所付出的资金代价还要小于改革之前。其政策机理在于：大型企业由于实力雄厚，专利费用对其价格弹性较小，费用的上涨并不会影响其专利申请行为，而中小企业则不同，大幅度的补贴可以显著地提高其申请专利的积极性。

文家春认为美国采取高标准的专利费用政策可以产生以下三个方面的影响。❶

（1）对从事研发活动的企业来说，专利收费标准的提高，意味着专利申请和维持成本的上升，这使得企业在进行专利申请决策时，会淘汰掉一些被认为不太有重大经济价值的技术。因此，这种专利费用上的高标准，能在一定程度上提高美国专利申请的质量。

（2）专利费用是美国专利商标局的重要收入来源之一，专利费用标准提高后，增加了美国专利商标局的收入。随着专利费用收入的增加，美国专利商标局就会有更多的财力去改进其专利审查和服务质量，进而推动授权专利的质量。

（3）高标准的专利费用政策也成为美国国际贸易政策的一个环节，利用较高的专利费用标准，在对内减轻本国中小企业专利费用负担的同时，提高外国人来美国申请专利的成本，从而使得很多外国人因为支付不起高额的专利费用而放弃就其发明创造在美国寻求专利保护，从而使得专利费用事实上成为国际技术贸易中的一种新型非关税壁垒政策。

3. 韩国的政府资助专利申请政策

作为一度落后的国家，韩国能够在短短几十年内迅速崛起成为亚洲四小龙之一，专利制度所起的作用功不可没。韩国政府也十分注重根据经济发展的状况适时调整专利政策，这其中就包括专利费用以及资助政

---

❶ 文家春. 我国地方政府资助专利费用机制研究［D］. 武汉：华中科技大学，2008.

策的调整，《韩国知识产权管理的远景与目标》指出："调整专利收费制度，将审查费用调至最适宜的水平，从而鼓励申请和注册。"而韩国专利费用及资助政策的改革主要体现在以下三个方面。

（1）改革韩国专利审查单位的财政体制。与美国类似，韩国将知识产权局从政府财政支持的机构变为自负盈亏的机构，在此基础上韩国降低了国内申请以及维持专利的费用，同时也降低了优先权审查费，取消了在适用优先审查程序时按权利要求的数量收取附加费的规定。

（2）减轻韩国国民向国外专利的负担。具体的措施主要体现在以下两个方面：❶ 一方面，韩国专利审查单位进一步加强国际合作，建立共同的专利审查机制或互相承认专利权的机制，从而降低了获得外国专利的申请费用或翻译费用；另一方面，韩国政府对申请外国专利的民众以及中小企业予以直接补贴，其中每个申请主体最多可以获得补贴的专利申请数为3件，每件专利申请所获得补贴的数额最高可达200万韩元。❷

（3）实施专利费用减免政策。韩国于2005年开始实施专利费用减免或资助政策，基于此，中等规模企业、国有以及特定研究所、学校以及大学所属地方自治团体可以获得50%的专利费用补贴，个人以及小型企业可以获得高达70%的专利费用补贴，甚至一些特定主体可以获得全额补贴。

4. 中国的政府资助专利申请政策

中国专利费用政策体系的发展经历了30年的时间，相关费用也一直呈现出提高的趋势，例如发明专利的申请费就从150元经历3次调整提高到900元，发明专利的实质审查费用也从400元经历3次调整提高到2 500元。与专利费用配套发展的是我国的政府资助专利申请政策体系，根据

---

❶ ［韩］权五甲.韩国的高技术发展战略和政策［C］.走向2020年的中国科技——国际中长期科学和技术发展规划国际论坛资料汇编，2003 .

❷ 殷钟鹤，吴贵生.发展中国家的专利战略—韩国的启示［J］.科研管理，2003（4）：1 — 5.

来源的不同，我国的政府资助专利申请政策可分为国家知识产权局的费用缓减政策和地方政府的直接资助政策两个层面。

国家知识产权局的费用缓减政策与专利制度的建立同步始于1985年，该政策设立的初衷是鼓励经济能力有限的个人申请专利，因此最初缓减针对的对象仅为自然人而不包括企业。从字面上来看，专利费用缓减政策包括专利费用的缓缴和减扣：缓缴申请一旦获批，专利申请人或专利权人可以延迟缴纳专利费用的期限；减扣申请一旦获批，专利申请人或专利权人可以较少缴纳专利费用的额度。最初可以适用缓减的项目包括发明专利申请费、发明专利申请实质审查费、发明专利申请维持费、专利复审费以及授权后前三年的年费，而缓减的最高额为上述费用总额的80%。在1987年缓减的最高额被下调至50%，而在1992年该额度又被上调至75%，同时将可以申请缓减的对象扩大到单位申请人，此后缓减的最高额又几经调整，并对个人申请者与单位申请者作出了区分。

地方政府的直接资助政策，最早可以追溯到上海市1999年颁行的《上海市专利申请资助办法（试行）》，随后全国各地方政府都开始施行，作为地方政府吸引稀缺性创新资金流入的政策手段，与"税收竞争"类似，其额度也存在不同地方之间的竞争，因而对专利申请的激励更加明显，1999~2006年我国居民的年均增长量高达23.16%，就是很好的佐证。

政府资助专利申请政策在上述国家都带来了本国主体专利申请量显著增长的直接效果。资助专利申请政策之所以能对专利系统带来如此大的规模效应，文家春认为是这样的政策可以在市场机制之外给技术创新者额外的经济激励，同时分担技术创新的成本。但是同时伴随其后的也有投机性专利申请激增、专利授权时滞延长以及专利丛林现象加剧这样的负面效应，这些问题在日、美等国也普遍存在（文家春，2008）。❶

---

❶ 文家春.我国地方政府资助专利费用机制研究［D］.武汉：华中科技大学，2008.

（二）不授予专利权对象的设定

专利授权的对象是一国专利法最基础的部分，从立法技术的角度来看，对这一问题的解决，各国都是通过先对可授予专利权的主题进行原则性规定，再从反面列举不授予专利权对象的方式来实现。一项专利申请想要获得授权需要经历两次筛选，其中第一次筛选是审查该申请是否构成可专利的主题，此次筛选属于一个门槛，只有顺利通过构成"可专利主题"审查的申请，才可以进一步接受实用性、新颖性以及创造性的审查，而不予授予专利的对象就是"可专利主题"的消极条件。对比各国关于不授予专利权对象的规定，可以得出科学发现、智力活动的规则与方法属于普适的价值观，而其他一些主题则反映了本国的经济利益，这一点从动态的视角表现得更为突出。

日本在"二战"后急需发展民族经济的背景下，曾一度在不授予专利权的对象上规定得十分广泛。根据1959年日本专利法，饮料、食品、嗜好品、药品及其混合方法、化学物质、原子核变换产生的物质都不能获得专利授权。其目的在于使得日本企业在这些领域能够免费使用国外技术，并且在此基础上作出改良性的创新。学者认为日本技术的进步源于微小改良的积累，那么初期不予授权对象的广泛设定显然为此提供了良好的政策基础。而随着技术的进步，日本从20世纪70年代后开始从模仿创新向自主创新转变，为激励本土企业，上述限制分别于1976年以及1998年修订专利法时予以取消。❶

与日本十分类似，我国1984年《专利法》对不授予专利权的对象作出了如下限制：（1）食品、饮料和调味品；（2）药品和用化学方法获得的物质；（3）动物和植物品种；（4）用原子核变换的方法获得的物质。这样的规定也是基于我国在这些领域的研发能力相对比较落后，需要一个免费利用国外技术的缓冲期。在此政策"庇护"下，我国在食品

---

❶ 张娴. 不授予专利的对象研究［D］. 湘潭：湘潭大学，2009.

与化工领域的研发水平明显提高，同时根据国际知识产权保护形势的发展而于1992年《专利法》修订时，删除了前两项的限制，而对后两者的限制之所以保留，也更多地是出于国家安全与稳定的考虑。

从历史的视角来看，我国对不授予专利权对象限制的演进过程与我国经济与技术的发展水平相适应，在初期避免了技术创新中的马太效应，为本土企业的发展提供了政策空间，并在技术原始积累完成后缩小限制范围，为本土企业提供了参与国际竞争的动力。当然这样的政策手段同样存在副作用：特定时期内，我国本土企业PCT专利申请量十分有限，并且集中的技术领域较为单一。

（三）保护性专利审查

对本土技术创新主题的保护还体现在专利审查的过程中，这一点早期是通过审查费用的歧视性规定来实现的：如美国在1836～1861年规定在专利审查中，需要缴纳的费用对美国公民为30美元，对一般外国公民为300美元，而对英国这样技术强国的公民则为500美元。随着由国际贸易法中的公平原则发展来的商业伦理成为主流价值观，如此显性的保护本国利益措施由于容易授人以柄，几乎不再被适用；取而代之的是各国都采取更为隐性的保护政策与手段：如在专利审查中对国外申请执行相对于本国申请更为严苛的授权标准，或者有意拖延国外申请的授权时间等保护性专利审查政策。

泽布鲁克以专利申请人提出实质审查请求的时间点作为界限，将专利申请提出到最终决定作出的期间分为第一与第二条件寿命期。❶ 张古鹏、陈向东通过对比中国国家知识产权局审查本国与国外发明专利申请中第二阶段条件寿命期的分布，发现国外申请人在中国获得专利授权需要等待更长时间，因此可以得出我国国家知识产权局倾向于延迟授予国

---

❶ Zeebroeck N. Patents only Live Twice：a Patent Survival Analysis in Europe ［C］. Working Paper of CEB ， October 2007.

外申请人专利权。❶ 张古鹏、王崇峰通过二变量Probit 模型回归得出，在获取专利意愿、企业规模以及研发人员等控制变量相同的情况下，国外企业获得专利授权的概率要显著小于本土企业，所以我国对外籍申请主体的审查标准更为严苛。❷

以上两个实证研究的结论可以证明我国事实上实行了保护性专利审查政策，但此政策同样具有正反两方面效果：在市场成熟的技术领域内，保护性专利审查政策可以使我国企业能够更快而且更容易地获取专利，有助于我国企业完成专利布局并抢占技术优势，从而在本国实现一定程度的技术垄断势力，有助于我国企业专利竞争战略的展开；在市场不成熟的技术领域，由于市场的收益尚不确定，保护性专利审查政策在客观上会带来没有竞争对手与我国企业共同分担市场不确定风险的效果，从而使我国企业不敢将生产扩大到最优的规模，这将不利于我国企业的专利市场策略。

（四）第一阶段专利产生政策评述

可以看出许多国家在专利制度发展的过程中，都有一段时期倾向于追求专利体系的规模以及对本国创新主体进行区别性保护。从客观上来看，这样的政策价值取向具有正反两方面的效果，如表2-1所示。

表2-1　第一阶段专利产生政策的效益与弊端

| 政策要素 | 效益 | 弊端 |
| --- | --- | --- |
| 政府资助专利费 | 专利规模效应 | 投机性专利申请、专利授权时滞、专利丛林 |
| 倾向性设定不授予专利权的对象 | 抵御国外技术入侵 | PCT申请数量少且不均衡 |
| 保护性专利审查 | 使本国主体迅速地获得专利授权 | 市场不确定性风险由本国主体承担 |

❶ 张古鹏，陈向东.保护性专利审查机制对企业专利战略效应研究——基于专利条件寿命期的视角［J］.科学学研究，2012（7）：1011-1019.

❷ 张古鹏，王崇锋.保护性专利审查机制与中外企业的专利战略选择——基于专利授权和条件寿命期的视角［J］.科研管理，2014（5）：9-18.

从熵的视角来分析，政府资助专利申请政策提高了本国企业的专利认知意识，从经济上降低了在市场机制不完善环境中申请专利的成本，使得更多的技术创新主体愿意投入资金进行研发并选择申请专利的方式保护创新成果，给本国的技术创新体系带来了规模效应。但是根据波尔兹曼的理论，当规模扩大时，系统内部不可逆过程产生的正熵 $d_{is}$ 也必然会随之增加。投机性专利申请、专利授权时滞以及专利丛林现象都是熵增加带来无序性的具体表现，无法想象这些现象会发生在每年只有几千件专利申请的国家。

根据熵的理论，授权对象的倾向性设定以及保护性专利审查政策，在使本国技术创新主体受益的同时，也在一定程度上增加了本国技术创新系统的封闭性。诚然，从特定的历史背景来看，这样的政策取向对我国本土创新企业的发展十分必要。但是换一种思维方式，国外企业的竞争也可以被视作一种从外部引入的负熵，给我国专利系统带来有序的客观效果：一方面，国外企业技术力量雄厚，与其竞争从长期来看可以激励我国本土企业提升技术水平；另一方面，当市场前景不确定时，外国竞争企业也可以分担一部分市场不确定性风险。

综上，应当从整体层面评价我国初期的专利政策，表2-1中所列举的种种弊端本质上是我国在技术发展初期为了实现规模效应和保护本土企业利益而必须容忍的无序现象。朴素的线性理论认为，稳定、有序、多元以及规模可以同时实现并试图在拟定政策时找到不伴随任何负面影响的万全之策是违背熵原理的，无异于在社会管理的语境下，对"第二类永动机"的期待。

当然，也不能因为无序效果的存在就否定上述政策价值取向，正如《鲁滨逊漂流记》中"孤岛经济"模型所体现的那样，社会福利最优的状态并不是整体有序度最高的状态。如图2-1所示，当继续扩大专利系统规模或者提高对本国保护性封闭程度带来的边际收益大于与之伴随的熵增所产生无序边际成本时，这样的政策规划就是理性的。而当上述边际收益等于边际成本时，继续增加系统规模或者封闭程度则将使得社会总福利减少，所以图2-1中的点A是政策价值取向的拐点，此后应当将更多的精力投入到减少专利系统的熵值，即对有序的追求。

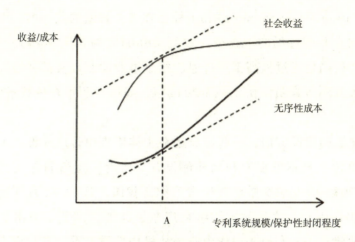

图2-1　专利政策收益/成本分析

## 二、第二阶段：外部负熵的引入

如上文的分析，当规模与封闭带来的社会边际成本大于或等于社会边际收益时，专利政策的价值取向就应当转变为更多地关注专利系统的有序性，其中专利质量的下降与专利授权时滞的延长是需要重点解决的问题。通过对各国政策路径演化的分析可以得出，加大专利审查单位人员与设备方面的投入是政策转型初期普遍采用的手段。下文将对这两方面政策要素的具体实施予以简介，并通过熵的理论对其作用机理予以分析。

### （一）人力资源方面的投入

人力资源方面的投入主要体现在审查员的增加与机构的建设上，其中在审查员方面：延森（Jensen）提出美国专利系统问题的根源在于专利审查员花费在一件专利申请上的平均时间太过有限——审查员平均分配在每件专利申请上的时间只有不到30个小时（2010）。基于此，美国专利商标局提出了"审查员倍增"计划，试图将申请量与审查员之比（applications-to-examiner ratio）控制在一个合适的范围内，❶ 仅2001年，美国专利商标局的审查员人数就从6801人增长到7449人。我国国家知识产权局也通过提高工资待遇、给予事业编制以及扩展培训资源等方式壮大专利审查员队伍，截至2012年，我国专利审查员数量已超过1万人。

而在机构建设方面，一些国家还在主体审查单位之外设立了辅助性的审查单位：日本就在专利局外部设置了带有一定营利性质的机构，以承担79.3%的发明实质审查检索工作；我国于2001年5月开始建立专利审查协作中心，之后我国陆续在广东、江苏、湖北、河南、四川、天津等地建立了专利审查协作中心。从机构性质来看，专利审查协作中心是属于国家知识产权局的直属事业单位，具备独立法人资质，独立的人事、劳资以及财务管理权。专利审查协作中心受国家知识产权局的委托承担部分发明专利申请的实质审查、部分PCT国际申请的国际检索等业务，同时为企业提供专利申请以及保护方面的技术与法律咨询服务。❷

具体而言，专利审查协作中心具备以下六个主要职能：

第一，对一部分发明专利的申请文件进行实质审查；

第二，对一部分PCT国际申请进行国际检索以及国际初步审查；

第三，对接收的专利申请进行分类；

第四，对实用新型专利作出检索报告；

---

❶ 根据2000年的统计，美国专利商标局的申请量与审查员之比值为83.33，远高于审查工作顺利进行的水平。

❷ ［EB/OL］. http://baike.baidu.com/link?url=A-YdOHP4WkmyI_EKPTDuIaFZNn0zXAZt6Okk8s3hb AX9atOI7XW_3zeviHN6bQiWH3Dgxv3Q6ZkkooH2PZ_fQq.

第五，参与发明、实用新型以及外观设计专利的复审，并作为行政诉讼当事人应诉；

第六，为国内企事业单位提供涉及专利申请和保护的相关法律和技术咨询。

在发明专利申请的实质审查部分，专利审查协作中心主要负责以下具体技术领域。

（1）机械发明审查部：负责机械工程、交通运输、机电一体化、精密仪器、制冷空调等技术领域发明专利申请的实质审查工作。

（2）电学发明审查部：负责通信、计算机、动态信息存储等技术领域发明专利申请的实质审查工作。

（3）化学发明审查部：负责药物化学、高分子化学、石油化工、无机化学、农药、环境工程等技术领域发明专利申请的实质审查工作。

（4）通信发明审查部：负责半导体元件、图像传输处理、数据识别处理、电子电路及家用电器等技术领域发明专利申请的实质审查工作。

（5）光电技术发明审查部：负责光学器件、应用光学、光电材料、测量工程、医疗器械、自动控制等技术领域的实质审查工作。

（6）医药生物发明审查部：负责基因工程、生物工程、食品工程、西药、中药、制剂等领域的实质审查工作。

（7）材料工程发明审查部：负责无机材料、化学工程、环境工程、石油工程、材料加工、涂装材料、建筑工程、热能工程、暖通工程等领域的实质审查工作。

（二）电子化系统方面的投入

专利审查的过程就是审查员搜集与分析相关数据的过程，除了人的因素以外，处理数据工具的先进与否也直接决定了审查工作的质量与效率，因此，各专利审查单位都陆续建立了自己的申请与审查电子系统：如欧洲专利局为了提高专利文献检索的效率，在IPC分类的基础上，开发了ECLA系统，使得每次检索的结果大大减少，减轻了人工阅读排查的工作量；日本特许厅在其内部系统JPO与IPDL的基础上，开发了F-Term与FI分类系统，通过自建的编码语言实现检索的精准定位。

我国国家知识产权局于2010年正式推出了E系统与S系统：E系统为中国专利电子审批系统，于2010年2月正式上线，其设立的初衷是以"无纸化"的形式提高专利审批的效率。E系统包括1个主平台、19个子系统，内部有近1.1万个功能模块以及约3 600个界面，在具体的操作上，E系统以代码化形式的文档为主，以图形化形式的文档为辅的电子审查系统，对申请文件的采集、扫描、代码化处理以及其他文件的扫描都在受理阶段完成，纸件不再进入流程。专利申请文件经过转码以及可视化等技术手段处理后，以文本和图形的方式在系统中存储和流转。从功能上看，E系统实现了从提出专利申请文件开始到专利权失效为止，全方位、多流程的法律程序电子化。E系统还具备强大的文本编辑功能，专利审查员可以利用其直接生成专利授权公告文本。根据国家知识产权局提供的数据来看，随着E系统的上线并成功应用，发明的公布周期、实审生效周期、实审提案周期、通知书周期、首次结案周期和首次公告周期均从2010年开始有了一个较明显的缩短，发明审查周期由2009年的29.5个月缩短为2010年的18.4月、2011年的9.3个月。

S系统为专利检索与服务系统，其包括对外提供服务的公众部分与审查员工作使用的内部专用部分，其中前一部分推出的目的在于整合国家知识产权局内部的各类专利与非专利信息资源，为专利审查业务提供数据丰富、功能齐全的智能检索服务，实现跨平台、多数据库检索等功能。目前S系统由11个子系统构成，其中较为常用的有门户子系统、检索子系统以及管理子系统。S系统拥有1985年以来中国全部的专利文摘数据400余万件，以及世界97个知识产权机构的7 000余万件专利文献，实现了与E系统的无缝连接。从检索方式上看，E系统以"检索要素"为入口进行检索，在表格检索界面中以"IPC分类号"为入口进行检索，在"检索历史"中进行检索式运算。E系统不仅在资源、功能方面具有明显优势，使用起来也方便快捷。如检索功能中的"跨语言检索"，用户可用一种提问语言检索出用另一种语言书写的信息。只要用户在特定字段中输入中文或英文两种语言中的一种，选择进行"跨语言检索"，系统就能够自动命中匹配输入条件语言的相关专利文献，提高检索效率。今后还会有更多的语言种类加入此项功能，目前日语跨语言检索功能正在构建当中。

理论上讲，人力资源以及电子化系统方面的投入在本质上是从系统外部引入审查资源负熵，试图抵消专利系统本身的熵增。当系统的无序性程度较低时，此方式能够起到一定的作用，但由于系统的熵增更多地取决于内因，当系统内部熵值大到一定程度时，这样的政策实现机理对有序的追求伴随着明显的边际收益递减。

### 三、发展方向——内部熵增的控制

可以看出，上述解决专利系统无序问题政策手段的特点在于将专利申请质量的下降以及数量的增加视作一个客观现象，没有认识到专利申请人以及其他主体的经济理性与投机倾向。

通过熵的理论可以找到解决问题的方向：根据式（2-3）可得，对于系统无序的控制，除了从外部引入负熵$d_{es}$之外，另一个必然的逻辑就是减少系统内部的熵增。后者从政策的层面来说是在保持追求有序的价值取向下，转变政策实现的机理，通过引导系统内部参与者行为的方式，实现专利系统的"自组织"。

一些学者的研究在某种程度上体现了这样的思路：如瓦格纳提出专利系统问题的根源并不在于审查单位工作效率，而在于专利申请人提出低质量专利申请的动机远远高于提出高质量专利申请的动机，因此解决问题的关键在于打破现有的动机体系（Wagner，2009）；❶刘洋等通过

---

❶ R. Polk Wagner. Understanding Patent-Quality Mechanisms ［J］. University of Pennsylvania Law Review，2009，157（6）：2135-2173.

主因素分析法得出专利申请动机和费用政策对专利质量有超过30%的解释力，而专利审查资源对专利质量的解释力不到8%，提高专利质量的关键在于对专利申请人行为的引导，而不是一味地增加审查单位资源的投入（刘洋等，2012）。❶

因此，从专利政策发展的历史与专利系统的现状来看，我国未来的专利政策应当在保持对有序性追求的价值取向下，通过对系统内部主体利益引导的方式来实现，从熵的角度来看，专利政策的路径应当转向系统内部熵增的控制。国外已经实施的一些政策手段反映了这一思路，下文将列举法国的专利授权前景预期管理与美国的审查速度自主选择，以对此政策内涵进行分析。

### （一）专利授权前景的预期管理

专利申请人与审查员在申请质量上存在明显的信息不对称，因此相比于对每一份申请都试图找到所有的现有技术文件来决定是否授权，更为有效率的方式是利用这种信息不对称，在审查过程中给予投机者消极的预期，使其自主选择终止审查程序。法国的审查模式体现的就是这种政策内涵。

与其他国家"早期公开，延迟审查"的方式不同，法国采取"登记制"的专利审查模式。具体而言，当专利申请人向法国专利局提交专利申请后，专利局会进行一些非实质的审查。此后，专利局会将申请文件转交到海牙的欧洲专利分局进行新颖性检索，并作出相关的检索报告。专利申请人根据检索报告中的内容在3个月内决定是否取得该专利权。专利在获得授权后，如果遇到争议，检索报告的内容将作为法院审判的重要依据，并且当争议无法解决时，授权专利还需要发回专利局重审，此时将收取相当高的费用。

---

❶ 刘洋，温珂，郭剑. 基于过程管理的中国专利质量影响因素分析［J］，科研管理，2012（12）：104-109.

虽然莱姆利认为最终产生争议的专利仅占授权整体的一小部分，在审查中确保每一项申请都得到完全审查是不经济的，但如果无条件地放低授权门槛必定会出现大量的问题专利（Lemley，2001）。❶ 由于专利审查中主要的工作量在于初步检索的基础上，对"等同技术手段替换""非显而易见性"这些复杂问题的判断，因此法国的专利审查模式可以极大地节省审查资源。同时由于费用杠杆的存在，申请人会根据对自身专利申请质量的了解以及检索报告所带来的预期，审慎的选择是否获得授权，因此也抑制了问题专利的产生。

（二）审查速度的自主选择

对专利系统内的无序现象进行考查可以发现，投机性专利申请的激增与专利授权时滞的延长是同一个问题的两个方面，其对于社会福利危害的症结在于无法使得有限的专利审查资源集中于高质量的技术创新成果上。因此，在授权时滞无法从整体上解决的现实情况下，通过政策引导使得审查资源更多地投入到高价值的专利申请，可以将专利授权时滞的社会成本降到最低。美国的审查加快程序体现的就是这种政策机理，主要包括加速审查程序（Accelerated Examination）❷ 和Track 1优先审查程序。❸

一份专利申请提交到USPTO的同时，专利申请人可以提出AE程序请求，在请求获得通过后，该专利申请将会获得一个优先号，基于此，该申请将在包含第一次审查意见通知书之内的所有程序中被优先处理，并且在USPTO发出最终决定（Final Disposition）后，如果该专利申请提出

---

❶ Mark A. Lemley. Rational Ignorance at the Patent Office ［J］. Northwestern University Law Review，2001，95（4）：1495-1529.

❷ 下文简称AE程序。

❸ 下文简称Track 1程序。黄德海，窦夏睿，李志东. 中美发明专利申请加快审查程序比较研究［C］. 2014年中华全国专利代理人协会年会第五届知识产权论坛论文集，北京：知识产权出版社，2014：1-8.

继续审查请求，其仍然可以享有优先审查的"特权"。根据USPTO的说法，通过AE程序处理的申请一般可以在12个月内得到最终的处理决定，这远快于普通程序的32.4个月。但是AE程序不适用于PCT国家阶段申请、再颁专利以及复审。所有请求进入加速审查的要求必须在申请时进行，即只有新申请可以被加速。因此，申请人如果想对以前处于审查之中的专利申请利用该程序进行加速，只能提请继续申请或者部分继续申请来满足适格性。此外，如果USPTO对审查中的申请发出单一性限制要求，分案新申请也满足AE程序适格性。在程序适用条件方面，USPTO规定申请人在提出请求时，必须进行预检索，并提供包含检索数据源、检索式以及检索时间在内的详细说明，并同时提交审查支持文件。在审查支持文件中，申请人必须明确指出在预检索中发掘的与权利要求相关性最大的现有技术文件。随后，申请人必须在书面上用相当大的篇幅阐释为什么其所主张要求保护的权利要求相对于现有技术文件具备新颖性与创造性。对于每个所识别的对比文件，申请人必须列出对比文件所教导的权利要求的特征以及在什么地方教导了该特征。一旦发现申请人在说明中隐瞒现有技术信息，USPTO将驳回加速申请的请求。

Track 1程序于2011年2月4日开始实施，与AE程序相同，专利申请人若希望适用该程序，需要在提交申请时提出请求。在该程序中，申请人从提出优先审查请求到USPTO批准该请求的时间间隔一般在12个月以内。为了保证效率，USPTO计划每年该程序的指标不超过1万件，年度内剩余的名额会定期在USPTO的官网上公布。当达到该指标上限时，USPTO会关闭电子申请EFS-Web中优先审查的请求项。根据USPTO内部的统计数据，通过Track 1程序审查的专利申请从批准请求到收到第一次审查意见通知书以及得到最终的审查决定的平均期间分别为2个月和5.93个月，显然大大地提高了审查速度。在程序适用条件方面，Track 1程序不需要提交关于现有技术的详细说明，但是需要交纳1 000～4 000美元的优先审查费用。此外，适用Track 1程序还需要满足以下三个要件：
（1）相关申请必须是原始的专利申请，包含首次申请以及继续申请，但是不包含再颁申请；（2）相关申请必须以电子申请的形式提交；（3）权利要求书中至多允许4项独立权利要求和30项全部的权利要求。

可以看出，上述审查速度调整模式的特点在于专利申请人选择的自主性，并且由于有一定的"对价"条件要求，也合理地避免了审查资源的滥用：在AE程序中，申请人为了获得加速审查，必须在详细说明中罗列相当数目的现有技术信息，根据"禁止反悔"原则，这些都构成"自认"，而会在日后可能发生的诉讼中成为行使权利的掣肘，因此只有对自身申请技术质量有充分信心的申请人才愿意选择该程序；Track 1程序中高昂的费用，也会使得专利申请人在提出请求时综合考虑其申请的市场价值，从而可以保证更多的审查资源投入到经济质量更高的专利申请上。同时二者都要求必须在提出专利申请时提出请求，也避免了申请人在审查过程中"见机行事"的投机可能。

## 第三节　本章小结

通过上文的分析可以看出，专利政策在各国的演化路径具有阶段上的一致性：初期的政策往往表现出对规模效应的偏好以及对本国利益的区别性保护；随后政策的特点会转变为通过行政力量调配资源来实现对专利系统有序的追求；而最终的政策则会发展到通过引导创新主体的行为来实现专利系统自组织的路径上。上述专利政策演化路径的第一次转变体现在政策的价值取向上，而第二次转变体现在政策目标的实现机理上。

我国已实施的专利政策从发展轨迹上并不存在方向性的错误，虽然从事后的视角来看，政策转型的拐点的确存在一些滞后，但这显然不能过分苛责。对于现阶段专利系统存在的问题，应当在承认系统内主体经济理性的基础上，通过引导其行为从内部解决。以上两个政策构成要素仅是为了说明这种引导机制内涵的列举，以下三章将以时间的顺序体系化地分别探讨专利申请、专利审查以及专利无效中参与主体的利益引导机制。

# 第三章　申请人利益驱动的专利质量控制政策研究

　　由上一章可知，通过增加专利审查员人数与建立专利审查电子系统的方式，解决专利授权时滞以及质量问题的本质特征，在于从外部引入负熵抵消专利系统的无序，而将专利申请的数量与质量视作一个客观现象，没有意识到专利申请人的经济理性。

　　在现实中，专利申请的数量与质量不仅取决于社会技术发展的现状，也取决于专利申请人对现有审查体制的主观反馈。相比投入大量审查资源，更可行的手段是通过引导申请人的行为从源头上控制输入系统专利申请的质量与数量。因为就算投入到专利审查单位的资源再多，如果其接收到更多的专利申请，并且其中大部分为低质量专利申请，专利时滞与授权专利质量问题将依然无法得到解决；但是如果专利申请人仅将有价值的技术创新成果申请专利，哪怕专利审查单位的效率较差，上述问题依然不会严重。因此，改善现状的关键在于从经济动机层面找到专利申请人提出大量低质量专利申请的原因，并在专利审查开始前通过引导性政策设置达到自我清理（Self-Screening）。

　　对于专利申请人提出低质量专利申请的具体情形可以分为两类：第一，技术创新成果的质量本身就很低，无法达到法定专利授权的要求，专利申请人将此提出专利申请，本书将此界定为专利投机；第二，技术创新成果本身满足了专利授权条件，但是申请人提出的专利申请文件质量存在问题，如说明书与权利要求书的撰写方式不符合法律的规定，以试图获得更大的保护范围，本书将此界定为专利扩张。下文将从专利申请人在上述两种情形中的获益方式展开研究，体系化地探讨如何激励市场主体投入资源以获得高质量的技术创新成果，并引导其将此成果通过高质量的文本提出申请。其中第一部分的基本假设为授权专利的质量完全由技术创新成果的质量决定，而第二部分将不考虑技术创新成果本身的差异性。

## 第一节　专利申请人的专利投机行为引导

专利制度的主旨是通过给予有价值的申请垄断权以激励技术创新，其经济基础在于技术溢出所产生的社会福利大于技术垄断所带来的社会成本，其中保证专利授权的正当性是专利制度主旨实现的关键。然而在现实中由于专利审查这一"闸门"并不总是无懈可击，会有一些不符合法定授权条件的投机性专利申请获得授权，如果这一情况严重到一定程度，将会动摇专利制度运行的基础，并且进入一个恶性循环：能获得授权并由此获利，将进一步激励专利投机行为，这将造成专利积压以及审查质量的进一步下降，进而给予专利投机行为更加积极的反馈。

对于专利投机行为的抑制，多数学者提出的建议是将专利申请费作为政策性工具调节专利申请人的行为。皮卡尔和波特尔（Picard and Potterie）建立理论模型研究了调整专利申请费将会对授权专利的质量产生何种影响，研究结果显示专利申请人缴纳申请费的意愿与其专利的创造性程度成正比，申请费的提高将更多抑制低质量专利申请者的意愿（Picard and Potterie，2013）。❶ 文家春的研究与此类似，他认为专

---

❶　Pierre M. Picard，Bruno van Pottelsberghe de la Potterie. Patent office governance and patent examination quality ［J］. Journal of Public Economics，2013，253（104）：14–25.

利申请费的提高对所有专利类型的专利申请都会产生一定程度的抑制作用，但是由于高质量的专利申请在市场上的预期收益相对较高，并且获得授权的可能性更大，对申请费上升所增加的成本并没有低质量专利申请那么敏感（文家春，2012）。❶ 在实证研究方面，皮埃尔和布鲁诺（Pierre and Bruno）搜集了美国、欧洲以及日本专利审查单位近20年的专利申请费与专利申请数，进行相关性分析，发现专利申请的价格弹性为-0.4（2013）。❷ 拉西福斯（Rassenfosse）基于美国在1982年专利法修正案中大幅提高了专利申请费——从原来的每件65美元提高到300美元，做了一个准自然实验来研究专利申请费对授权专利质量的影响，在实证研究中拉西福斯（Rassenfosse）选取授权专利的引文数、专利族数以及维持时间三个测量变量来衡量因变量专利质量，最终通过双重差分回归得出此次专利申请费用改革使得专利质量提高了16%（2012）。❸

　　然而提高专利申请费的政策手段在现实中并没有收到预期的效果，在全世界范围内的主要审查单位，专利申请的数量依然与日俱增，专利申请的平均质量也相对偏低，相反倒是申请费增加对技术创新的抑制效应更为明显。从现实的角度来看，并没有天生的技术创新者或专利投机者，提高专利申请费的政策手段之所以没有取得预期效果，从逻辑上看在于，先假设一部分主体是技术创新者，另一部分主体为专利投机者，然后希望通过政策手段来抑制后者提出专利申请，而没有意识到当收益发生变化时，某一特定的主体可能会在上述两种角色之间转换。因此，下文将通过比较提出两种不同专利申请行为而非特定主体的收益，分析目前低质量申请大量涌现的原因并提出解决方法。需要指出的是，现有

---

❶　文家春. 专利审查行为对技术创新的影响机理研究［J］. 科学学研究，2012（6）：848-855.

❷　Pierre M. Picard，Bruno van Pottelsberghe de la Potterie. Patent offi ce governance and patent examination quality［J］. Journal of Public Economics，2013，253（104）：14-25.

❸　Gaetan de Rassenfosse. Are Patent Fees Effective at Weeding out Low Quality Patents?［C］. Working Paper of ZEW Centre for European Economic Research，June 2012.

研究针对的往往是专利申请决策研究，置于技术创新已经完成的时间背景，并在此基础上分析是通过申请专利还是技术秘密保护创新成果。如文家春基于创新已经完成的假设，研究了政府资助专利费用对不同价值创新结果申请专利决策的影响（文家春，2009）。❶ 但是如果创新已经完成，创新投入就会变成沉淀成本，不会再成为企业决策时所考虑的因素，而低质量专利申请的消极影响不仅体现在短时期内使高质量创新成果放弃申请专利，更体现在长时期内阻碍创新投入的累积，因此，下文关注的重点为技术创新投入决策研究，基于的时间点是企业作技术创新投入决策时，分析将在柠檬市场效应的框架下展开。

## 一、理论基础

目前，国内外学者对投机性专利消极影响的研究主要集中于其对技术创新以及社会福利这样的外部视角，然而问题专利除了具备上述对外的消极影响，从内部来看也具有对高质量专利的排斥效应，这种效应在本质上类似于柠檬市场效应中的逆向选择。

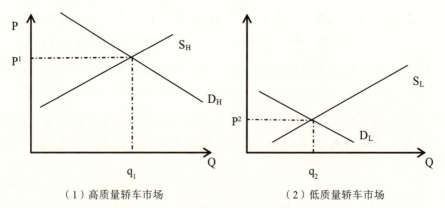

（1）高质量轿车市场　　　　　　　（2）低质量轿车市场

图3-1　质量信息对称时的二手车交易市场

---

❶　文家春，朱雪忠. 政府资助专利费用及其对社会福利的影响分析［J］. 科研管理，2009
（5）：89-95.

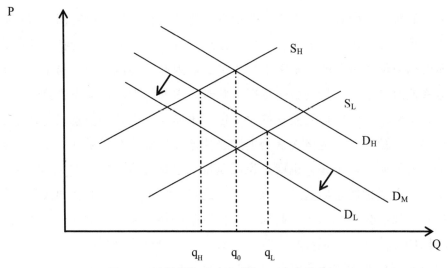

**图3-2　质量信息不对称时的二手车交易市场**

柠檬市场效应由阿克洛夫（Akerlof）于1970年提出，其以二手车市场为例揭示了在信息不对称的情况下，低质量商品是如何将高质量商品驱逐出市场的。阿克洛夫首先假设仅存在高与低两种车况质量水平的二手车，然后根据二手车车主与购买人关于汽车车况质量信息了解程度的对称与否分别进行论述。

当二手车车主与购买人在关于汽车车况质量在不存在信息不对称，即双方都知悉所交易二手车的质量类型时，交易会按照图3-1所示的情况进行，此时存在互相独立的子市场，对品质或价格要求不同的购买人都能各得其所。

当二手车车主与购买人在关于汽车车况质量在存在信息不对称，即所交易二手车的质量类型仅被车主所知时，不同质量水平的二手车在购买人眼中是没有区别的，其会以社会整体评价中买到高质量车的可能性来对整体二手车质量给出折中估价。假设购买人认为市场上高低质量的二手车各占一半，其对二手车整体的估价将反映在图3-2中的需求曲线上，此时在价格相同时购买人对二手车的需求量大于单纯的低质量市场而小于单纯的高质量市场。根据图3-2可知，此时在市场上成交的二手车中，低质量车的数量要多于高质量车。购买人在使用一段时间后就会确切地掌握二手车的质量信息，这些信息汇总在一起成为新的社会评价，即市场上低质量车的数量多于高质量车。因此，在以后的交易中购买人会降低对二手车质量的整体预期，此时需求曲线继续向左下方移动，使得成交的二手车中低质量车的比重进一步增大，而这一信息又将作用于购买人的预期。阿克洛夫认为上述恶性循环的最终结果是在二手车市场上仅有低质量车出售，也就是说低质量二手车会将高质量二手车驱逐出市场，即所谓的逆向选择。此类逆向选择还可以发生在其他语境下，例如，当保险公司无法区分高风险与低风险的投保主体，而对所有人收取相同的保险费时，最终将会导致购买保险的全部为高风险者；又如，当银行在授信时无法区分高信誉度与低信誉度的贷款人，而对所有人收取相同利率的利息时，最终将导致贷款人全部为低信誉度者（Akerlof，1970）。❶

在上述模型中，供给曲线可以理解为二手车车主对交易活动期望的收益，而需求曲线则可以理解为二手车车主在交易活动中获得的实际收益。因此基于阿克洛夫（Akerlof）的理论，在一个以追求利益最大化为目的市场环境中，柠檬市场效应的发生需要满足以下两个条件。

第一，存在某种信息不对称，并且这种信息对于交易决策起决定作用；

第二，在这种信息不对称的影响下，对于收益期望不同的两类主体将获得相同的实际收益。

下文将以柠檬市场理论为基础分析在专利申请与审查中，专利审查单位与专利申请人在专利质量信息上的不对称地位是如何导致柠檬市场效应发生的。

---

❶ George A. Akerlof. The Market for "Lemons"： Quality Uncertainty and the Market Mechanism ［J］. The Quarterly Journal of Economics，1970，84（3）：488-500.

## 二、专利申请与审查中的柠檬市场效应分析

由于专利审查单位不以营利为目的，因此专利申请与审查并不是典型的双方市场行为，但是从专利申请人的视角来看，是否投资进行技术创新活动，以及是否将技术创新活动的成果通过申请专利的形式保护，都是基于利益最大化作出的决策，因此可以从专利申请人单方面进行收益分析，以判断专利质量信息不对称对不同种类专利申请行为的影响。

### （一）专利申请与审查中的信息不对称

在此先分析专利申请与审查中涉及专利质量是否存在信息不对称的情况。关于专利质量，通过不同的视角会有不同的定义：朱雪忠、万小丽总结了国外学者的研究，认为对专利质量的定义可以归纳为基于审查者的专利质量和基于使用者的专利质量，其中前一类定义包括申请文件的质量、授权专利的质量以及专利审查的质量，后一类定义包括专利的法律质量、专利的技术质量以及专利的经济质量。下文中，分析专利申请与审查中所涉及信息的对象是瓦格纳所提出的专利申请质量，即专利申请文件与法定授权条件的一致性，具体而言主要是指请求专利保护的技术方案是否符合专利法关于新颖性和创造性的规定（Wagner，2009）。❶ 在专利审查中判断专利申请质量的关键信息为该专利申请的现有技术信息，而专利申请人与专利审查单位在对该信息的掌握上存在不对称的地位：从客观上来讲，现有技术信息按照是否以书面的形式记载可以分为非文献信息与文献信息，其中前者主要是指由于使用导致技术方案内容处于可以被公众所知状态的技术信息；后者主要是指通过有形载体记载而处于可以被公众所知状态的技术信息。对于专利审查单

---

❶　R. Polk Wagner. Understanding Patent-Quality Mechanisms［J］. University of Pennsylvania Law Review，2009，157（6）：2135-2173.

位，虽然有审查部门的划分，❶但是某一部门内的审查员毕竟不是专业的研发人员，其不可能精通该领域内的所有技术细节，这种情况随着各技术领域的互相交融而变得更加突出，因此专利审查员对现有技术信息的了解，主要还是源于公知常识以及对专利文献信息的检索，但是仅凭这些信息很难准确地判断某一专利申请的质量是否能够达到授权的高度。而专利申请人在技术研发的过程中能够掌握更多的非专利文献信息以及基于使用公开的非文献信息，因此其对于专利申请新颖性以及创造性等问题会有更加深入的了解（Sampat，2005）。❷

综上，在专利申请与审查过程中，对于专利申请的质量是否满足法定的授权要求存在一定程度的信息不对称，专利申请人就如同柠檬市场模型中的卖主了解自己申请保护专利的质量信息，而专利审查单位虽然不像其中的买主一样完全不知情，但是在信息地位上也处于劣势。

### （二）专利申请行为的收益分析

如上文所述，信息不对称的存在并不足以导致柠檬市场效应的产生，下文将进一步分析研发并提出不同质量类型专利申请行为的收益。

关于创新投入与创新产出之间的关系，理论界基于熊彼特（Schumpeter）的创新函数有不同的发展。本书参照阿罗（Arrow）的研究，用$R(\theta)$表示创新投入，$\theta$表示创新幅度（Arrow，1962）。❸在下文中$\theta$将直接表征创新成果的创造性高度，对专利申请质量信息的关注也将集中在创造性的问题上。由于在现实中对专利采取有效推定原则，所

---

❶ 中国国家知识产权局设有机械发明审查部、电学发明审查部、通信发明审查部、医药生物发明审查部、化学发明审查部、光电技术发明审查部、材料工程发明审查部。

❷ Bhaven N. Sampat. Determinants of Patent Quality：An Empirical Analysis［EB/OL］. 2005. http：//siepr. stanford. edu/programs/SST_Seminars/patentquality_new. pdf_1. pdf. 2014-5-13.

❸ Arrow，K. Economic Welfare and the Allocation of Resources for Invention［C］. In R. Nelson，ed. The Rate and Direction of Inventive Activities： Economic and Social Factors. Princeton University Press， 1962， 620.

以一份质量存在问题的专利申请，一旦获得授权也能具有商业价值。参照卡约和杜赫尼（Caillaud and Duchêne）的研究，假设授权专利具有相同的商业价值$V$，如果创新企业是以获得专利授权为目的，其作创新投入决策时会以法定的创造性授权标准$\theta^*$为标杆，因为过高的创新投入不会产生任何价值，而在创新投入低于$\theta^*$的范围内，由于无法获得专利授权也符合创新企业的目的（Caillaud and Duchêne，2011）。❶ 因此，可以假设创新企业在作创新投入决策时只有$R(\theta^*)$和0这两种选择，下文将投入$R(\theta^*)$进行研发并且提出专利申请的界定为技术创新行为，而将研发投入为0并申请专利的界定为专利投机行为。

在理想情况下，专利审查单位能够发掘到所有的现有技术信息，因此没有达到法定创造性要求的专利申请被驳回的概率为1。此时专利投机行为不会存在，因为这样做只会无谓地付出数额为$F$的专利申请费。假设进行技术创新投资并申请专利的利润为$Ah$，则有：

$$Ah = V - F - R(\theta^*)\left[V > F + R(\theta^*)\right] \qquad （3-1）$$

在现实中，由于专利审查单位与专利申请人在申请质量信息上存在不对称的地位，加之专利审查单位的资源约束，专利审查不可能是完美的，其表现就是不符合法律要求的专利申请可能会被授权，并且这种可能性将随着专利积压情况的严重而增加。现有研究中关于专利积压对专利审查影响的模型有多种，在此选择卡约和杜赫尼（Caillaud and Duchêne）提出的较为简单的模型，以$P(N)$表示投机性专利申请获得授权的概率，其中$N$表示专利申请的总数，$\dfrac{dP(N)}{dN} > 0$，即投机性专利申请获得授权的概率随着专利申请总量的增加而提高。专利积压并不会对技术创新者产生直接影响，此时其收益仍然由式（3-1）决定；但是对于

---

❶ Bernard Caillaud，Anne Duchêne. Patent office in innovation policy：Nobody's perfect［J］. International Journal of Industrial Organization，2011，29（2）：242-252.

专利投机行为而言，如果专利积压严重到一定程度，其有可能获得的收益，可以表示为：

$$Al = (V - F)P(N) + (-F)[1 - P(N)] \qquad (3\text{-}2)$$
$$= VP(N) - F[0 < P(N) < 1, VP(N) > F]$$

用式（3-1）-式（3-2）可得：

$$Ah - Al = V[1 - P(N)] - R(\theta^*) \qquad (3\text{-}3)$$

通过（3-3）式可以看到，当$P(N)$或者$R(\theta^*)$增大时，$Ah - Al$将减小，即如果不考虑专利费用的影响时，专利积压情况的严重以及专利授权创造性标准的提高，都将导致技术创新行为和专利投机行为的实际收益趋同；而$P(N)$进行技术创新行为的主体投入大量资金进行研发，其所期望的收益必然大于专利投机者，因此柠檬市场效应就会由此产生。

在现实中，式（3-3）中的$R(\theta^*)$可以视作对法定专利授权标准的衡量指数，而可以从反面表征实际审查中的专利授权标准。在现实中专利政策的制定者收到专利质量不高的反馈时，一般会试图通过提高法定授权标准来解决这一问题。我国2008年《专利法》的修订就提高了专利法定授权标准，提高主要表现在以下几个方面。

第一，将现有技术的界定从"相对新颖性"扩展到"绝对新颖性"，使得在国外的使用公开也成为破坏专利申请新颖性的原因。

第二，将抵触申请扩大到专利申请人在申请日向国家知识产权局提出的申请。

第三，对外观设计专利的授权门槛进行了相应的提高，要求外观设计技术方案不能是仅仅起标识作用的平面印刷品，并且与现有设计相比需要具有明显的区别。

倘若此时实际审查中的专利授权标准没有相应提高，技术创新行为与专利投机行为的实际收益差将会进一步减小，这将导致柠檬市场效应的加剧，直到专利申请全部为投机性专利申请。

综上，在专利申请与审查过程中，因为对相关专利申请现有技术的了解程度不同，专利申请人与专利审查单位之间在专利申请质量上存在信息不对称。由于该信息不对称的存在，不符合法定授权条件的投机性专利申请有可能被授权；而当专利积压较为严重使得投机性专利申请被授权的可能性较大，并且法定专利授权标准过高时，专利投机行为的实际收益将和技术创新行为趋同，前者会将后者清出专利申请"市场"。

### 三、专利申请人行为的引导机制

通过上文的分析可以得出专利申请中的柠檬市场效应对技术创新的影响体现在两个层面。

第一，在短期将通过影响不同类别主体的专利申请决策而对专利体系产生消极作用，即技术创新者会倾向于将其创新成果以技术秘密的形式进行保护，而专利审查单位收到的多为投机性专利申请。

第二，在长期将影响原来技术创新者的创新投入决策，使其具有转变为专利投机者的倾向。虽然创新投入与成果的质量并不完全成正比，但是爱迪生那个在旧车库就能完成大量发明创造的时代早已过去，整个社会投入到研发活动的资源将直接决定技术创新产出的质量。

然而通过单纯提高专利申请费用这一政策手段之所以不能取得预期效果的原因在于，其具有如下局限性：专利申请费用提高的效应同时作用在技术创新者与专利投机者身上，并不能进一步拉开二者之间的收益差，因此无法解决专利申请中的柠檬市场效应，专利先期程序仍然处于"投机—积压—投机"的恶性循环之中。

设计合理的专利申请导向政策不仅可以抑制专利投机行为，还能够激励技术创新，并引导创新者通过专利的方式保护技术成果。落实到具体的政策设计上，就是能够实现申请费用提高影响集中于投机性专利申请的"靶向机制"。如卡约和杜赫尼（Caillaud and Duchêne）提出对被拒绝授权的申请苛以一定额度的罚款可以在经济上实现这样的"靶向作用"（Caillaud and Duchêne，2010），❶ 不过这样的罚款设置在我国缺乏合法性基础。然而，通过调整专利费用结构，收取更高额度的申请费，再通过降低授权后维持费的补偿效应的政策设计也可以实现同样的效果。

国外一些学者提出异化技术创新者与专利投机者收益的效果可以通过区分不同质量层级授权专利商业价值的方式达到，如莱姆利提出可以让专利申请人自主选择更加严格的审查程序，以获得公信力更强的"金牌专利"（Gold Plated Patents）（Lemley，2011）。❷ 笔者认为我国已有发明专利与实用新型专利的区分，因此没有必要再引入一种质量层级的授权专利形式。此外，也有学者质疑我国实用新型专利存在的必要性，主要的论据在于大量创造性程度不高的技术方案会选择申请实用新型专利，从而拉低我国专利质量的平均水平。对此，笔者认为正如朱雪忠教授主张的不能将不经实质审查的实用新型专利质量误解为整体专利质量（朱雪忠，2013），❸ 并且使低质量的专利申请自主选择与其价值相符合专利授权形式，这本来就是解决柠檬市场效应所应当追求的结果，而这样的现实情况同时也能够对解决发明专利授权时滞产生积极的作用。

## 第二节　专利申请人的专利扩张行为引导

上文分析专利投机行为的假设基础在于一个高质量的技术创新成果

---

❶ Bernard Caillaud，Anne Duchêne. Patent office in innovation policy：Nobody's perfect［J］. International Journal of Industrial Organization，2011，29（2）：242-252.

❷ Mark A. Lemley. Can the Patent Office Be Fixed?［J］. Marquette Intellectual Property Law Review，2011，15（2）：294-307.

❸ 朱雪忠. 辩证看待中国专利的数量与质量［J］. 中国科学院院刊，2013（4）：435-441.

一旦决定申请专利，必然对应一篇高质量的专利申请文件。下文将跳出这种假设，在现实中很多技术上颇具进步性的成果，在提出专利申请时同样会存在质量问题，其中最典型的就是专利扩张问题。

## 一、专利扩张的表现与危害

从专利扩张的方向来看，有以下两种情况。

第一，向现有技术领域的扩张，其中典型的表现形式为通过模糊的语句描述权利边界，即权利要求书没有清楚地限定要求专利保护的范围。正如瓦格纳（Wagner）提出的专利申请人往往会将专利申请与专利诉讼作为一对关联性的活动，采取"双重主张策略"（Dual-Stage-Analysis）（Wagner，2009）：即对现有技术作出贡献的关键区别技术特征的描述时采用模糊的语句，在专利审查阶段主张较窄的理解，从而使得专利申请能够满足新颖性与创造性的要求，以确保更容易获得专利授权，而在专利诉讼阶段主张较宽的理解，从而在实质上扩大专利保护的范围，使得被诉侵权人所实施技术被判侵权的可能性更大。❶

第二，向未获得解决的技术问题扩张，其中典型的表现形式为在说明书中提供具体实施方式以及实验数据较少的情况下，通过上位概括或者功能性限定的方式限定过于宽泛的专利保护范围，也就是说权利要求书没有得到说明书的支持。此种策略主要源于专利申请人应对从专利申请到专利价值实现之间时间间隔的动机：发明专利申请从提出到最终授权往往需要2年以上的时间，而专利授权到实施可能还需要几年的时间，因此专利申请人在提出申请时会基于未来技术发展的视角，通过较为宽泛地限定或概况，将当下还没有能够攻克但在以后的市场中可能会十分重要的技术问题的解决方案纳入权利要求的范围，以更好地应对未来技

---

❶　R. Polk Wagner. Understanding Patent-Quality Mechanisms［J］. University of Pennsylvania Law Review，2009，157（6）：2135-2173.

术与市场的不确定性因素。

以上两种专利扩张并不是孤立存在的，其有可能表现在同一份专利申请文件中，而这样动机的危害主要表现在以下四个方面。

第一，当专利申请要求保护的范围向现有技术扩张时，直接的危害就是阻碍其他技术创新主体对公有领域技术的利用：当其他企业在现有技术基础上进行改进研发时，需要征得本来不必要的交叉许可，从而增加创新成本；而当其他企业以现有技术方案生产产品时，也会面临侵权诉讼的风险。

第二，当专利申请要求保护的范围向未获得解决的技术问题扩张时，专利申请人会损害先研发出相应技术方案主体的期限利益。绝大多数国家专利法都采用先申请原则，当多个主体就同一技术方案提出专利申请时，专利权授予申请人最早的一方，其初衷在于激励技术创新的效率，从而促进知识供给的速度。为了保障先申请原则的落实，各国一般都会规定专利申请人在审查中对权利要求书的修改不得超出原始权利要求书与说明书记载的范围，以防止申请人产生先抢占申请日，再加入新的技术方案的动机。因此，在现实中向未获解决技术问题扩张的专利申请人并非一定是不打算研发出相应技术方案，而是希望通过上位概况或者功能性限定的方式规避修改权利要求书的限制从而抢占申请日的期限利益，而这也将损害技术创新对效率的追求。

第三，当专利申请文件中用模糊的术语对某些技术特征进行描述时，其带来结果还有使得本领域普通技术人员无法根据说明书中描述的技术方案解决相应的技术问题。专利本质是一个社会契约，契约的内容在于以公开技术内容为对价换取垄断权。当专利申请人公开的技术方案无法解决技术问题时，专利契约对社会的技术溢出效应就无法实现，相当于申请人仅享有权利却没有付出任何对价，这显然也损害了社会公众的利益。

第四，上述两类专利扩张行为也会导致专利授权时滞的加剧。一方面，当专利申请文件中存在过多模糊性技术描述或者较宽泛上位概况以及功能性限定时，审查员需要花费更多的时间来明确相应技术术语的含义，或者考察权利要求书是否能得到说明书的支持；另一方面，基于有意扩大专利保护范围的意图，专利申请人在以上两种类型专利扩张的行为被专利审查员指出后，并不会直接让权利要求书修改到符合授权要求的程度，而是采取"步步后退"的策略与审查员博弈，这其中必然伴随着多次审查意见通知书的发出与答复，从而侵占专利审查资源并延长专利授权时滞。

## 二、专利扩张的行为的抑制

从专利扩张行为的动机分析来看，无论向现有技术领域扩张还是向未获得解决的技术问题扩张，都可以给专利申请人带来不同方式的利益，这也是现有一些研究将专利申请文件质量问题的原因归结为申请人专利文件写作规范知识不足，而试图通过扩大培训的方式无法解决相关问题的原因之所在。因此对专利扩张行为抑制的关键在于，通过引入政策工具弱化申请人基于此行为的收益，瓦格纳提出减少专利审查程序与专利诉讼程序中对专利保护范围理解的差异可以实现上述目的（Wagner，2006），❶下文将从禁止反悔原则的引入与权利要求的解释两个方面探讨减少上述差异的具体方案。

### （一）禁止反悔原则的引入

禁止反悔（estoppels）原则，或称为禁止反言原则，来源于英美法系衡平法。专利法上的禁止反悔原则可以解释为，专利权人在专利审查或无效宣告阶段，为了获得专利授权或维持专利效力而对部分专利保护范围作出放弃的表示，专利权人在专利侵权诉讼阶段就不得对曾经放弃

---

❶ R. Polk Wagner. The Patent Quality Index ［EB/OL］. www. law. upenn. edu/ blogs/polk/pqi/ documents/2006.

的专利保护范围重新主张权利。其中对专利保护范围的放弃主要表现在以下两个方面：一方面，直接通过修改权利要求书的方式放弃专利保护范围，例如在某一项权利要求中增加新的技术特征，或者将某一已有技术特征用更加下位化的技术特征代替都可以导致专利保护范围的缩小；另一方面，在答复审查意见通知书或者答辩专利无效宣告请求书时，以自认的方式表明某一特定技术方案不在专利保护的范围内，也同样可以达到放弃的效果。

在权利侵权诉讼程序中确立禁止反悔原则可以使专利申请人的双重主张策略无法为其带来任何利益，而效果只有延迟自己专利申请的授权时间，甚至丧失本来可以获得的权利保护范围，下文将通过两个案例分析对此进行说明。

【案例一】

某电子科技有限公司的技术员解某于2001年12月19日向国家知识产权局申请了名称为"手机自动隐形拨号报失的实现方法"，其初始申请文件中的独立权利要求为：

一种手机自动隐形拨号报失的实现方法，其特征在于该方法包括以下的步骤：

当手机初次使用时，手机的内部处理程序录入合法用户卡所独有的区别于其他用户卡的自身数据或录入合法用户卡所对应的手机号码，并记录合法用户设定的用于自动隐形拨号报失的功能参数以及用于自行修改功能参数和自行合法更换用户卡的功能密码；

当手机每次开机使用时，手机的内部处理程序自动检测并比较当前用户卡的自身参数与预先存储的合法用户卡的自身数据是否一致，或检测并比较当前用户卡对应的手机号码与预先存储的合法用户卡对应的手机号码是否一致，如果一致，则正常使用；如果不一致，则进行隐性通知。

审查员在实质审查中通过检索发现了一篇来自法国的对比文件A（FR2791509）与一篇来自日本的对比文件B（JP10341281）。其中对比文件A要求保护一种用于安装SIM使用的手机的防丢失装置，其关键技术特征在于手机内存中存有预设的密码，用户只有在正确输入密码的情况下，才能够正常使用手机。审查员认为专利申请中的独立权利要求与对比文件A相比具有的区别技术特征为，在用户输入的密码与预设密码不相符时，系统将认定手机已处于丢失状态，其执行的指令不仅是中断操作，还会按照预设的号码拨号通知机主。而对比文件B中公开了当手机识别出使用者为非授权用户时，其将执行自动拨出预存在系统中号码，并发出一个语音信息来阻止该使用者继续使用的指令。因此审查员认为对比文件B为运用上述区别技术特征解决相应技术问题提供了技术启示，因此该发明对于本领域普通技术人员而言，是显而易见的。基于上述理由，审查员在第一次审查意见通知书中表示，对比文件A与对比文件B结合起来破坏了专利申请中独立权利要求的创造性，需要专利申请人解某作出相应修改。

解某在2003年6月27日答复审查意见通知书时，对原独立权利要求修改为：

一种手机自动隐形拨号报失的实现方法，其特征在于该方法包括以下的步骤：

当手机初次使用时，手机的内部处理程序录入合法用户卡所独有的区别于其他用户卡的自身数据或录入合法用户卡所对应的手机号码，并记录合法用户设定的用于自动隐形拨号报失的功能参数以及用于自行修改功能参数和自行合法更换用户卡的功能密码；

当手机每次开机使用时，手机的内部处理程序自动检测并比较当前用户卡的自身参数与预先存储的合法用户卡的自身数据是否一致，或检测并比较当前用户卡对应的手机号码与预先存储的合法用户卡对应的手机号码是否一致，如果一致，则正常使用；如果不一致，则正常使用同时按照设定的功能参数自动隐形拨号。

解某还在意见陈述书中表示：其所提出专利申请保护的技术方案中，当手机系统识别出为非正常用户在使用时，所执行的操作为在保证手机正常使用的状态下拨号通知机主，追求的技术效果为在非正常用户毫不知情的情况下，通知机主，而对比文件2中所追求的技术效果主要在于使得当前用户无法正常使用。这两者是有本质差别的，因为非正常用户一旦意识到手机启动防盗机制，会采取关机、破坏GPS信号接收装置等方式阻碍机主的寻回。因此，解决技术问题不同的对比文件不能够产生技术启示。最终，审查员认可了解某的陈述意见，并在此次修改的基础上授予了发明专利权。

2004年6月，解某向北京市第一中级人民法院起诉，主张青岛海尔公司生产的一款手机中所涉及的智能防盗技术侵犯了上述发明专利权，要求法院判决海尔公司停止侵权并赔偿损失。一审法院经审理认为被告海尔公司所生产的该手机中所涉及的防盗技术与上述对比文件B中类似，手机采取的为显性通知，即拨出预设手机号并同时不能正常使用的方式。而这样的技术方案已经被原告解某在修改权利要求和陈述意见时排除在专利保护的范围之外，根据"禁止反悔"原则，解某不能在专利侵权诉讼中主张相关权利，因此北京市第一中级人民法院驳回了原告的诉讼请求。虽然解某随即向北京市高级人民法院提起上诉，但在二审中北京市高级人民法院最终维持原判。

【分析】在本案例中可以看出，解某研发的技术方案为当识别手机使用者并非机主本人时，在保持手机正常使用的情况下，来拨打预设在系统中的号码。相对于现有技术而言，解决的技术问题为"防止非正常用户意识到手机防盗机制的启动，而采取关机、破坏GPS信号接收装置等方式阻碍机主的寻回"。但是其在提交专利申请中，使用了没有具体界定含义的模糊性描述"隐性通知"，以企图将现有技术中包含的"执行中断手机一切操作，并拨号通知机主"这一技术方案纳入专利权保护的范畴，其动机属于通过模糊性的技术特征描述将专利保护的范围向公有领域扩张。而由于两审法院都贯彻了禁止反悔原则，专利申请人的这一扩张意图没能实现。仔细分析本案的细节可以发现，专利申请人在答复审查意见通知书时将权利要求书进行了修改，也就是说本案即使不引用禁止反悔原则，而仅通过权利要求书的内容也可以得出上述判决结果，不过从正面确定权利要求保护的范围时会存在反复的争议，但是从反面运用禁止反悔原则排除则会直接很多。此外，在另一些情况下，审查员可能会在申请人仅"自认"，而没有修改权利要求书的情况下授予专利权，此时禁止反悔原则就成了阻止专利扩张行为受益的唯一屏障。

【案例二[*]】

申请人北京市某医院科研人员孔某于1995年12月5日向国家知识产权局提出一份非职务发明申请，申请的名称为"一种防治钙质缺损的药物及其制备方法"。其中涉及药物的独立权利要求为：

一种防治钙质缺损的药物，其特征在于它是由下述重量配比的原料制成的药剂：可溶性钙剂（4～8份）、葡萄糖酸锌或是硫酸锌（0.1～0.4份）、谷氨酰胺或是谷氨酸（0.8～1.2份）。

在实质审查中，审查员认为孔某提出的专利申请在新颖性、创造性以及实用性问题上均不存在问题，但是其涉及药物的独立权利要求中描述的"可溶性钙"属于一个上位化的概念，专利申请人孔某在说明书中仅提供了关于"活性钙"的实施例，关于"硝酸钙"等其他包含在可溶性钙下位的概念能否解决该发明所要解决的技术问题，并达到相同的效果，本领域技术人员有足够的理由怀疑。因此，权利要求书概括包含了专利申请人推测的技术内容，其技术效果不能确定与评价。基于上述理由，审查员在第一次审查意见通知书中认定，权利要求书没有以说明书为依据，并得到说明书的支持，要求申请人孔某作出相应的修改。

孔某在答复审查意见通知书时，对涉及药物的独立权利要求进行了修改，将"可溶性钙剂（4～8份）"这一技术特征改为"活性钙（4～8份）"，以克服审查意见通知书中所指出的权利要求书没有以说明书为依据，并得到说明书支持的问题。而审查员在此次修改后的权利要求书的基础上授予了专利权。孔某在获得专利授权后，将此专利以独占的方

---

[*]　该案例分析中申请公开以及最终授权的专利文件将在附录中呈现。

式许可给某制药有限公司A实施。

A公司于2006年10月发现湖北某制药有限公司B生产的葡萄糖酸钙口服液中的配方侵犯了上述专利权，因此向石家庄市中级人民法院提起专利侵权诉讼，要求B公司停止生产相应药品，并按照销售额赔偿损失。原告A公司在一审中提出，虽然被告B公司所生产药品中"葡萄糖酸钙"这一技术特征没有包含在其被许可独占实施的权利要求中，但是对于制药行业的技术人员而言，"葡萄糖酸钙"与"活性钙"可以构成专利审查指南中的"等同性替代"，所以原告A公司认为被告B公司所实施的技术在实质上落入了其被独占许可专利权所保护的范围。被告B公司则提出，原告A公司的许可人孔某在专利申请审查的过程中通过修改权利要求的方式，明确放弃了包括"葡萄糖酸钙"在内的技术方案，因此根据禁止反悔原则，其不能再主张相关权利。

石家庄市中级人民法院认为，由于专利申请人孔某在实质审查中的修改不是基于新颖性与创造性的问题，因此不适用禁止反悔原则。同时，根据技术鉴定的结果，被告B公司生产药品中的技术方案构成专利保护方案的等同替代。因此，石家庄市中级人民法院最终认为被告B公司侵权成立，判决B公司停止生产相应药品，并按照销售额赔偿损失。

B公司不服一审判决，向河北省高级人民法院提出上诉，河北省高级人民法院也基本以相同的理由驳回上诉。B公司最终向最高人民法院提出再审申请，在再审程序中，最高人民法院认定为了满足权利要求书得到说明书支持的修改哪怕与新颖性和创造性无关，依然适用禁止反悔原则，所以涉及"葡萄糖酸钙"的技术方案已不在专利保护的范围内，因此，最高人民法院判决B公司不构成专利侵权。

【分析】在本案中，孔某所研发的技术方案是仅限于使用活性钙作为技术特征的，而对于其他几种类型的可溶性钙的效果并没有做相应的实验。在提出专利申请原始文件时，孔某通过没有实验数据支持的上位概括方式，将使用其他几种可溶性钙的技术方案纳入要求专利保护的范围，这是典型的向未获解决的技术方案扩张的动机。虽然经历了三次审理，但最高人民法院通过禁止反悔原则驳回了原告A公司的诉讼请求。其中值得一提的是，根据技术鉴定的结果可得，"葡萄糖酸钙"这一技术特征构成权利要求书中"活性钙"的等同替代，因此如果孔某在原始申请文件的权利要求书中，将要求专利保护的范围诚实地限定在其所研发的包含"活性钙"技术特征的技术方案上，A公司在专利侵权诉讼中主张等同侵权就会被法院支持。而孔某的专利扩张动机使得本来可以实质上纳入专利保护范围内的技术方案，被禁止反悔原则排除在外。所以，禁止反悔原则给专利扩张行为带来了额外的风险与成本，这将进一步抑制专利扩张行为。

（二）权利要求解释方式的调整

减少专利审查与诉讼阶段专利保护范围理解差异的另一个途径可以从调整权利要求解释的方式入手。权利要求作为以文字表示技术内容的手段必然会存在一定的局限性，需要通过解释对专利保护的范围予以确定。国外对权利要求解释（Patent Claim Construction）的研究已有较长的历史，其中根据权利要求书中的文字对专利保护范围的限定作用，有以下三种原则。

第一，中心主义原则。根据中心主义原则，专利保护的范围主要由权利要求书确定，但是具体解释权利要求书时，应当以权利要求书所表达出的技术内容的实质意义为中心，综合考虑发明解决的问题、目的以及说明书及其附图，而不是严格地限于权利要求书的语句。可以说，在中心主义原则下权利要求书字面限定的为专利保护范围的最小值，或者说中心点，而技术方案的边界则取决于同领域普通技术人员的判断，由于"同领域普通技术人员"是一个十分抽象的概念，没有具体的评判标准，因此具有较强的主观性。显然中心主义原则是一个"亲专利"的解释原则，甚至有些在权利要求书中没有明确指出的技术方案，但是"同领域普通技术人员"可以通过说明书及其附图得出，都有可能落入专利保护的范围内。对于第三人而言，专利排他性的范围即难以预期，不利于公平竞争的展开。此外适用中心主义进行权利要求的解释，也给了申请人通过模糊描述进行专利扩张的空间。

第二，周边主义原则。周边主义原则也可以称为字面原则，是与中心主义原则截然相反的，基于此原则专利权保护的范围完全由权利要求的文字内容限定，或者说权利要求的字面意思就是专利权的边界，说明书与附图不能成为确定专利保护范围的依据。也就是说，在周边主义原则下权利要求书字面限定的为专利保护范围的最大值，是边界。与中心主义原则的"亲专利"性不同，周边主义原则将保护社会公共利益的保护视为更重要的任务，严格限制专利扩张，并保障专利的确定性。被诉侵犯专利权的技术方案只有在包含权利要求书中记载的每一个技术特征时，才能被认为落入专利保护的范围，若稍有区别，就不会构成侵权。

第三，折中原则。折中原则也可以称为解释原则，其内涵为要求专利保护的范围由权利要求书的内容确定，但是在权利要求书中存在模糊不清的限定语句时，可以通过援引说明书及其附图中的内容解释权利要求。这一原则首先确立在《欧洲专利公约》中，其主旨在于实现专利权人利益与社会公众利益的均衡，根据折中原则权利要求的保护的范围既不会机械地限定在字面上，也不能任意地作扩大解释，而是在权利要求书中存在模糊不清之处时才能够进行解释，而且与中心主义原则相比，这种解释不能泛泛地结合发明的目的与意义。

在现实中这三个原则之间的界限并不是泾渭分明的，法院在处理侵权案件时会根据一段时期内的取向把握一个度。我国对权利要求的解释从立法上采取的是折中说，在司法实践中则对权利要求的解释更加灵活，这也给了专利扩张行为积极的反馈，从而鼓励在专利申请文件中出现更多的模糊性描述。

## 第三节　本章小结

专利投机与专利扩张行为都会对授权专利质量产生影响，对于专利授权时滞而言，专利投机行为的"贡献"体现在使需要审查的专利申请份数增多，而专利扩张行为的"贡献"则主要在于使审查每份专利申请所需的时间延长。

通过上文进一步对专利申请人经济动机的分析，可以得出以下结论。

第一，在专利申请与审查过程中，因为对相关专利申请现有技术的了解程度不同，专利申请人与专利审查单位之间在专利申请质量上存在信息不对称。由于该信息不对称的存在，不符合法定授权条件的投机性专利申请有可能被授权，而当专利积压较为严重，使得投机性专利申请被授权的可能性较大，并且法定专利授权标准过高时，专利投机行为的实际收益将和技术创新行为趋同，前者会将后者清出专利申请"市场"。

第二，专利申请人就特定技术创新成果申请专利时，往往会通过模糊的技术特征描述或过度的上位概括以及功能性限定的方式，将要求权利保护的范围向现有技术或未获得解决的技术领域扩张的倾向。当专利侵权诉讼中，允许专利权人主张曾放弃的保护范围，或者对权利要求的解释太过宽松时，将导致审查程序与诉讼程序中对专利保护范围理解的差异扩大，并进一步激励专利扩张行为。

对专利投机行为的引导，可以从柠檬市场效应的两个构成要件入手：首先，从柠檬市场效应的根源出发，扭转信息劣势一方的不利地位，以解决信息不对称的问题；其次，当信息不对称问题很难解决或者解决成本过高时，可以通过政策工具拉开不同质量层次申请行为在各种具体情形中的实际收益差距。

对于解决信息不对称问题，应当强化专利申请人的信息披露义务，对违背该义务不主动披露甚至故意隐瞒现有技术信息的专利申请人予以相应的惩罚。对于异化实际收益，一方面，应当正视法定专利授权标准与实际专利授权标准的区别，并在维持合理法定专利授权标准的基础上，通过提高专利审查质量来实现；另一方面，可以调整专利费用结构——收取更高额度的审查费，再通过降低授权后维持费的补偿效应来实现费用增长仅针对专利投机行为的"靶向效应"。

对专利扩张行为的引导，应当参照瓦格纳的研究，缩小审查程序与诉讼程序中对专利保护范围理解的差异。一方面，应当在专利侵权案件审判中严格落实禁止反悔原则，消除专利申请通过"双重主张策略"获益的可能性；另一方面，在权利要求的解释时，应当在现有折中原则的基础上向周边主义原则调整，以严格限制可以援引说明书及附图解释权利要求的条件与解释的范围。

# 第四章　审查员利益驱动的专利质量控制政策研究

　　在各国现有针对专利审查部门的改革中，无论是美国专利商标局的"审查员倍增"计划、我国专利审查协作中心的建立还是日本的智能检索系统的建立，其本质都是将专利审查单位视作一个内部运行高效的"黑箱"（black box），认为其中所有的机构和雇员都努力追求着统一的目标。

　　虽然现有研究中有一些涉及专利审查员的个体特质对专利审查的影响，如科伯恩（Cockburn）等通过实证研究，得出专利审查员在从业时间、已审查专利申请数量以及审查每件申请需要的平均时间上都存在异质性，但是这些变量与审查员授权专利的质量之间并没有很强的相关性（Cockburn等，2002）；❶ 莱姆利和萨姆帕特（Lemley and Sampat）则在科伯恩等研究的基础上进一步得出，虽然审查员的从业时间并不会直接决定其授权专利的质量，但是对授权决定的作出有显著的影响，也就是说从业时间越长的审查员越倾向于作出授权决定（Lemley and Sampat，2009）。❷ 但其中的影响因素也还是选取了从业时间、年龄这

---

❶　Iain M. Cockburn, Samuel Kortum, Scott Stern. Are All Patent Examiners Equal? The Impact of Characteristics on Patent Statistics and Litigation Outcomes［C］. Working Paper of National Bureau of Economic Research, June 2002.

❷　Mark A. Lemley, Bhaven Sampat. Examiner Characteristics and Patent Office Outcomes［J］. Review of Economics and Statistics, 2012, 94（3）: 817-827.

些客观因素，而没有针对审查员的主观经济理性进行考察。

　　针对现有研究的局限性，下文将试图打开上述"黑箱"，从专利审查单位内部审查员的经济理性入手，探寻解决现有问题的另一条途径，而这在本质上属于委托—代理问题的范畴，因此下文的研究也将在委托—代理理论的框架下展开。

## 第一节　委托—代理理论基础

　　委托—代理理论的提出源于对新古典经济学的反思，在新古典经济学中存在一个先验性的假设，即获取信息是不需要任何成本，并且足够充分的。在此假设下存在一双"看不见的手"对资本市场以及人力资源市场进行调节，帕累托最优在市场主体遵从经济理性追求自身利益最大化的同时就能实现。在这种语境下，企业组织被视作一个高效运转的整体，组织内部的每一个个体都将完成组织安排给其的工作任务作为唯一的目标。然而随着公司制企业形式的发展所带来的企业所有权与实际控制权的分离，上述理论愿景与现实间的差距也变得越来越大，企业所有者们逐渐发现自己很难全面掌握企业运转的真实情况以及合理控制职业经理人的行为。基于此，学者们开始从理论上进行反思："委托—代理"一词则于1973年由罗斯（Ross）首先提出，其认为在公司制企业内部职业经理人与企业所有者的关系，类似于一般独立经济主体之间的委托—代理关系，其中职业经理人有着不同于企业所有者的利益诉求，并且在监管力度不足时，有为自身利益而损害企业利益的主观倾向（Ross，1973）。❶ 哈特和格罗斯曼（Hart and Grossman）将上述倾向

---

❶　Stephen A. Ross. The Economic Theory of Agency: The Principal's Problem [J]. The American Economic Review, 1973, 63（2）: 134-139.

称之为道德风险（moral hazard），并需要采取相应的防范措施（Hart and Grossman，1983）。❶ 拉丰和马蒂莫（Lafont and Martimort）则在承认雇员经济理性的基础上提出了激励理论（Lafont and Martimort，2001）。❷

近年来，学者们又将委托—代理问题研究的领域从营利性企业扩展到政府与公共服务部门，研究其中一些与传统理论假设相违背的现象。例如，政府部门工作人员最关注的往往并不是其行政行为的社会效益，而是其自身的权力与额外津贴；又如，医生作为公共医疗机构的代理人，其往往会根据个人喜好挑选病人，而不是基于医院救死扶伤的目标。其中研究问题的复杂性在于，政府与公共服务部门供给公用品的过程属于一个典型的多任务（multitask）流程。其中一些任务的评价指标是显性的，可以直接获得或者通过简单的测量手段量化；而另一些任务的评价指标则为隐性的，在短期内无法直接被衡量。因此，在政府与公共服务部门委托—代理问题的表现形式则为公职人员基于自身的利益过度追求显性评价指标而忽略隐性评价指标。我国一些地方政府追求每个财政年度都能体现在数据上的GDP，而忽略相对不容易测度的社会公平正义与公众幸福感的"政绩工程"就是该领域内委托—代理问题的典型例子。

总结学者们的研究可以发现，在生产性企业以及政府与公共服务部门中，委托—代理问题的本质是相同的，委托—代理问题的产生都需要满足以下两个要件。❸

第一，委托人与代理人之间所追求的目标是不一致的。也就是说代理人并不会无条件地为委托人的利益而行动，而是存在自己的经济追

❶ Sanford J. Grossman, Oliver D. Hart. An Analysis of the Principal-agent Problem [J]. Econometrica, 1983, 51（1）: 7–45.

❷ Jean-Jacques Laffont, David Martimort. The Theory of Incentives: The Principal-Agent Model [M]. Princeton: Princeton University Press, Princeton 2001.

❸ 丁建明. 国有企业委托代理关系的优化研究 [D]. 济南: 山东财经大学, 2013.

求。例如，在所有权与经营权分离的公司制组织中，作为委托人的股东所追求的目标是公司利润最大化，进而可以实现财富增值并分得更多红利，而作为代理人的职业经理人追求的则是短期内企业规模的增长，在这种情况下，职业经理人有更多可以支配的企业资源，从而有机会获得为自己谋利的机会。显然从边际报酬递减的角度来看，企业利润的增长与企业规模的扩大并不是完全一致的。又如，公共服务组织希望有限公共资源的投入能够产生最大的社会效用，公职人员却往往为了权力范围的扩大，而将公用品以及公共服务的供给量超过有效率的水平，这显然是对公共资源的浪费。

第二，委托人与代理人在获取信息的地位上存在不对称。也就是说，委托人与代理人之间在对契约签订以及执行至关重要的信息上，存在不对等，而委托人处于获取信息的劣势地位。国外一些学者在委托—代理语境下研究了信息不对称的来源，如第一类是在本质上委托人无法监测到的代理人的行为，也就是道德风险或隐匿行动；第二类在本质上是委托人无法获取代理人所有的个人信息，也就是隐匿信息；第三类则是在本质上不可事后验证的信息，即在委托—代理关系外，没有第三方在事后能够在事后验证到的信息（Green and Lafont，1986）。❶ 从信息不对称的表现来看，在最简单的生产性单任务模型中，最终的产出信息能够被委托人掌握，但是由于产出受多种因素的影响，因此委托人无法根据产出来判断代理人的尽职程度，而在多任务模型中，由于一些产出的指标都是不可量化的，因此信息不对称就会更为严重。

关于委托—代理问题的解决，莫里斯（Mirrless）通过理论模型的方法研究了对代理人的"激励相容约束"，其指出问题解决的关键在于委托人如何选择激励合同，使委托人与代理人的利益能够在一定程

---

❶ Jerry R. Green , Jean-Jacques Laffont. Partially Verifiable Information and Mechanism Design [J]. Review of Economic Studies，1986, 53（3）：447-456.

度上趋同（Mirrless，1976）。❶ 霍姆斯特姆（Holmstrom）也提出应当通过绩效工资或利润分享的方式纠正代理人与委托人的目标异质性（Holmstrom，1990）。❷

## 第二节　专利审查单位与专利审查员的目标异质性分析

如前文所述，现有研究将专利审查单位视作一个内部运行高效的"黑箱"，并没有认识到专利审查员的经济理性，但是如果这种假设基础与现实的情形不相符，基于此设定的专利审查单位管理制度就必然无法达到预期的效果。因此，本章在此将分析作为委托人的专利审查单位与作为代理人的专利审查员，在专利审查过程中所追求目标是否一致。需要指出的是，委托人与代理人的目标一致可以分为狭义与广义两个层面，前者是指两者所追求的目标相同，后者是指虽然两者追求的目标不相同，但是由于合理的制度安排使得两者在实现各自目标时表现出共同的行为诉求。在此，仅考虑狭义层面上的目标一致。

### 一、专利审查单位的目标分析

除了负责专利审查与授权工作之外，专利审查单位往往也是一国或地区专利政策制定和执行的主要机构，其目标应当在于通过促进技术创新，最终使得该国或地区的社会福利增加。

---

❶　Mirrless J. The Optimal Structure of Authority Incentives within an Organization［J］. Bell Journal of Economies, 1976, 7（1）: 105-131.

❷　Holmstrom. B, P. Milgrom. Multitask Principal-Agent Analyses: Incentive Contracts, Assets Ownership, and Job Design［J］. Journal of Law, Economics and Organization, v1990（51）7: 24-51.

一些学者对专利审查单位的"社会本位"立场提出质疑：莱姆利（Lemley）提出，由于受"亲专利"政策的影响，为了鼓励企业将技术创新的成果申请专利，美国专利商标局在专利审查程序中所收取费用是相对较低的，并不足以维持专利审查业务的日常开支。因此，莱姆利认为美国专利商标局具有天然的授予专利倾向，因为这样可以从授权后数额不菲的年费中获得更多的财政收入。虽然这种倾向在本质上还是基于审查单位职能的实现，但显然会破坏专利授权的标准，从而对技术创新产生负面效应（Lemley，2011）。❶ 夏皮罗（Shapiro）从经济依存的关系出发，认为美国专利商标局在本质上更像一个商业服务机构，专利申请人作为其客户付出审查费与维持年费的对价，而获得专利授权的服务。在这种"商业模式"下，社会公众的利益很难得到保障（Shapiro，2004）。❷ 朗缪尔和马尔库（Langinier and Marcoul）进一步提出除了美国之外，上述这一情况还存在于英国与加拿大（Langinier and Marcoul，2009）。❸

诚然，学者们对专利审查单位"社会本位"立场质疑的理由是充分的。但是仔细思考可以发现，上述现象的存在有一个前提条件，就是专利审查单位在经济上采取自给自足（self-funding）的财政制度。这样准市场化制度安排的益处在于可以避免官僚作风，并提高专利审查单位的工作效率，同时也会带来上述弊端。而在欧洲专利局以及我国国家知识产权局这样通过财政经费维持运转，并且所收取审查费用与年费也要全部上缴的审查机构中并不会存在上述情况，因此本章论述的基础在于承认专利审查单位的社会本位。

---

❶ Mark A. Lemley. Can the Patent Office Be Fixed? [J]. Marquette Intellectual Property Law Review, 2011, 15（2）: 294-307.

❷ Carl Shapiro. Patent System Reform: Economic Analysis and Critique [J]. Berkeley Technology Law Journal, 2004, 19（3）: 1017-1047.

❸ Corinne Langinier, Philippe Marcoul. Monetary and Implicit Incentives of Patent Examiners [C]. Working Papers of University of Alberta, July 2009.

　　当审查单位基于社会福利的立场，其所有的工作都应当围绕促进本国或地区的技术创新，具体到专利审查过程中，审查单位的目标应当集中在完成以下两个任务——缩短专利时滞和提高专利审查质量，具体理由如下。

### （一）缩短专利授权时滞

　　如上所述，随着"全球专利变暖"的蔓延，各专利审查单位都面临严重的专利申请积压问题：据《世界知识产权指标报告》，截至2009年年底全球有至少420万件发明专利申请处于积压状态；而根据我国国家知识产权局2010年的统计，我国截至2010年年底的发明专利申请积压就达50多万件，而这一数字到2015年将有可能会达到100万件。

　　专利申请积压的直接后果就是导致专利授权时滞的延长，即从专利申请的提交到获得授权的时间间隔更长。对此延森等研究了澳大利亚、日本、美国以及欧洲这四个专利审查单位的专利授权时滞情况，认为专利授权时滞期间在本质上可以分成两个部分，即由申请人怠于提起实质审查请求所带来的时滞（request lag）与由专利审查单位无法及时处理专利申请所带来的时滞（examination duration），其中前者主要与企业的专利战略有关，而后者主要与专利积压有关。而研究的结果表明，澳大利亚、日本、美国以及欧洲这四个专利审查单位由专利积压带来的时滞期间分别为14个月、42.7个月、34个月与23.3个月（2008）。❶ 文家春进一步研究了影响专利授权时滞的因素，认为复杂动机驱动专利申请量的持续性增长、专利竞赛引发专利申请的策略性运用、技术进步带来申请专利的技术复杂度提高以及政治利益导向下专利授权政策的战略性运用这四个因素导致专利授权时滞的延长（文家春，2012）。❷

---

　　❶　Paul H. Jensen, Alfons Palangkaraya, Elizabeth Webster. Application pendency times and outcomes across four patent offices ［C］. Working Paper of Intellectual Property Research Institute of Australia, January 2008.

　　❷　文家春. 专利审查行为对技术创新的影响机理研究［J］. 科学学研究，2012（6）：848-855.

　　无论从理论还是现实层面分析，专利时滞的延长都将直接对技术创新产生负面影响。

　　从理论层面来看，专利制度对技术创新激励的基础在于确定性。泽布鲁克（Zeebroeck）从反面研究了审查中专利的不确定状态对技术创新的影响，认为在提交专利申请到专利授权这段时间内，专利申请的价值是要受到一些条件制约的。基于此，泽布鲁克提出了条件寿命期（provisional life）的概念，并以专利申请人提出实质审查的时机为界限，将该期间进一步分为第一阶段与第二阶段条件寿命期（2007）。❶参照延森（Jensen）等的研究可以发现，上述第一阶段条件寿命期的长度可以由专利申请人通过选择提出实质审查请求的时机控制，但是第二阶段条件寿命期的长度则主要取决于审查单位的审查速度（Jensen等，2008）。对于申请人以及其他竞争者来说，第二阶段条件寿命期的不确定性首先体现在专利申请最终能否获得授权很难预知，根据尼古拉斯（Nicolas）的研究，专利实质审查的时间越长，其获得授权的概率越小，因此上述这种不确定性将会随着授权时滞的延长而加剧（Nicolas，2011）。其次，除了在授权与否方面，不确定性还体现在最终获得授权专利的保护范围上，也就是说，就算申请人对专利申请的授权前景有很乐观的预期，其权利要求保护的范围也可能会在审查的过程中不断被修改。

　　从现实层面来看，技术创新的收益一般都来自企业将技术创新的成果产业化，而无论对于专利申请人还是行业内的其他竞争者而言，作出投产决策以及规模决策的时机往往都是在专利授权或不授权的决定作出之后，其原因在于：对专利申请人而言，在专利效力悬而未决时，如果依照专利权所带来垄断势力的预期安排生产规模，一旦没有获得授权将导致大于竞争性市场生产规模的那部分沉淀成本无法收回；对于竞争者而言，在他人专利申请未获授权时进行产业化，那么申请一旦获得授

---

　　❶ Zeebroeck N. Patents only Live Twice：a Patent Survival Analysis in Europe［C］. Working Paper of CEB，October 2007.

权，将面临很大的侵权诉讼风险，而这带来的损失将远大于抢占市场先机所带来的收益。因此，专利时滞的延长将会导致创新成果产业化的延迟，而伯纳德和安妮（Bernard and Anne）的实证研究进一步表明，对技术周期短的行业，专利时滞的延长将带来专利申请被授权时其所要求保护的技术已过时的效果，所以这些行业的企业将会选择放弃申请专利而通过技术秘密"know-how"保护创新成果，并且此倾向在创造能力强的企业身上体现得更为强烈（Bernard and Anne，2011），这显然是一种倒退。❶

因此，增加单位时间内处理的申请数从而缩短专利时滞是专利审查单位在促进技术创新框架之下的一个重要的子目标。

（二）提高专利审查质量

授权专利的质量问题同样是一个被学术界和实务界普遍关注的焦点，这一问题的解决从专利审查单位的角度来看，就是要提高专利审查质量以起到"把关"的作用，使得授权的专利最大程度地符合法律规定的可专利性标准。

根据布尔克和赖茨（Burke and Reitzig）的观点，专利审查质量指的是专利审查单位按法定的可专利性标准对专利申请作出的具有稳定性的判断，在其中专利审查单位首先应当严格按照法律规定的可专利性标准对申请进行授权或拒绝，其次还应当在所有的审查工作中维持统一的标准（Burke and Reitzig，2007）。❷瓦格纳则在具体层面提出专利审查质量的高低在现实中体现在以下两种错误发生的概率：第一，授予不符合可专利性标准的申请专利权；第二，拒绝授予符合法定可专利性标

---

❶　Bernard Caillaud，Anne Duchêne. Patent office in innovation policy：Nobody's perfect［J］. International Journal of Industrial Organization，2011，29（2）：242-252.

❷　Burke P. F.，Reitzig M. Measuring Patent Assessment Quality：Analyzing the Degree and Kind of（in）Consistency in Patent Offices Decision Making［J］. Research Policy，2007，36（9）：1404-1430.

准的申请专利权（Wagner，2009）。❶ 低质量的专利审查将会从以下四个方面对技术创新产生消极影响。

第一，抑制创新资金投入。由于在绝大多数国家，专利申请在实质审查前会向社会公众公开，一旦符合法定可专利性标准的申请被拒绝授权，技术秘密这一作为申请专利的替代性策略也无法实施，专利申请人只能任由其研发成果被其他竞争对手免费使用，企业的技术创新动机将被严重打击。而根据帕朗卡拉亚（Palangkaraya）等的研究，对创造性不足的专利申请予以授权，将导致专利投机行为具有更大的收益，于是这种"坏行为"会将投入研发获取成果的"好行为"清除出市场（Palangkaraya等，2005）。❷

第二，增加技术创新成本。众所周知，技术创新是具有继承性的活动，一项研发成果的作出，往往是在一系列特定在先技术的基础上完成的。因此，如果专利审查单位将大量原本属于共有领域的技术授予专利权，势必会造成技术创新者实现产业化时，需要额外付出更多的许可成本，甚至是诉讼成本。

第三，降低社会对专利价值的预期。在现实中，一些从事研发的企业并没有足够的实力进行产业化，专利技术的转让与许可往往是此类企业实现利润的主要手段。然而，当专利审查质量不高时，授权专利中必然会有相当一部分在日后会被宣告无效，从而影响社会对授权专利价值的预期，这直接带来的结果就是影响专利转让以及许可的费用。

第四，低水准的专利审查质量对技术创新的影响还体现在给予专利投机者积极的收益预期：正如舒尔特（Schuett）在研究中将专利申请数视作社会整体技术创新能力一定时，专利审查质量的内生变量一样

---

❶ R. Polk Wagner. Understanding Patent-Quality Mechanisms［J］. University of Pennsylvania Law Review，2009，157（6）：2135-2173.

❷ Paul H. Jensen，Alfons Palangkaraya，Elizabeth Webster. Application pendency times and outcomes across four patent offices［C］. Working Paper of Intellectual Property Research Institute of Australia，January 2008.

（Schuett，2013）。❶ 当审查质量开始下降，投机性专利权申请获得授权的可能性会随之增大，这必然会进一步催生出更多的投机性专利申请，从而加剧专利积压。

因此，提高专利审查质量是专利审查单位在促进技术创新框架之下的另一个重要的子目标。

## 二、专利审查员的目标分析

大量现有研究认为专利审查员与专利审查单位之间具有统一的动因，其中的缺陷在于忽略了专利审查员的经济理性。从现实来看，专利审查员在本质上也是一种职业，其与从事专利代理人、专利律师以及企业内专利工程师的人往往来自于同一所大学的同一个专业，受着相同的教育并有着类似的价值观，工作性质的不同并不足以改变审查员作为理性人追求自身利益最大化的本质。

尽管如此，利益最大化并不能简单地等同于经济利益的最大化，基于对专利审查员动因与一般雇员在本质上没有区别的认同，可以参照麦克劳德和马尔科森（MacLeod and Malcomson）在企业激励机制研究中对雇员目标多样性的分析。按照目标所涵盖积极效用实现时机的远近，将专利审查员的目标分为短期目标与长期目标两类（MacLeod and Malcomson，1993）。❷

专利审查员的短期目标就是工资收入的最大化，而在不同专利审查部门的人力资源管理体制下，工资有着不同的计算方式。如欧洲专利局采取"固定工资"的方式，在此体制下，专利审查员的工作表现并不会

---

❶ Florian Schuett. Patent Quality and Incentives at the Patent Office［J］. RAND Journal of Economics，2013，44（2）：313-336.

❷ MacLeod，B，J. Malcomson. Implicit Contracts，Incentive Compatibility，and Involuntary Unemployment［J］. Econometrica，1989，57（2）：447-480.

直接影响其工资收入；而美国专利商标局则采取"固定工资+数量绩效奖金"的方式，在此体制下，专利审查员处理专利申请的速度将对工资收入产生直接影响，而专利审查员的审查质量与其工资收入没有直接的相关性。❶后文将具体分析不同工资形式对审查员行为的影响。

专利审查员的长期目标则体现在职业的发展前景与稳定性上，与企业雇员更加重视短期收入不同，以上两点对于公职人员则显得更为重要。其中职业发展前景主要体现在从正面追求职位的升迁，而职业的稳定性则体现在从反面能够避免在专利审查单位的"末位淘汰考核"中被降级甚至辞退。

综上，专利审查单位基于社会福利将追求缩短专利授权时滞与提高专利审查质量，而审查员基于自身利益最大化将追求工资收入增加与职业发展以及稳定，双方存在目标异质性。

## 第三节　专利审查单位与专利审查员的信息不对称分析

在委托—代理视角下，专利审查单位与审查员之间信息对称的本质就是审查单位能够准确地判断审查员完成的工作是否与其缩短专利授权时滞与提高专利审查质量这两个目标相符合。由于审查员单位时间内处理专利申请的数量是一个显性并且可量化的指标，此信息能够被专利审查单位轻易地掌握，因此其中并不存在信息不对称；而信息不对称主要体现在专利审查的质量上。

专利审查质量的衡量在本质上属于"软信息"（soft message），具有隐性且不可量化的属性，由于专利审查单位不可能及时对每一份专

---

❶　Guido Friebel, Alexander K. Koch, Delphine Prady, Paul Seabright. Objectives and Incentives at the European Patent office ［C］. Working Paper of IDEI, June 2006.

利申请文件的审查质量进行监督，因此该信息的发掘具有滞后性与偶然性。在实践中曾尝试过用一些"测量变量"来表征专利审查质量这一"潜变量"，如公众对专利审查的满意度指数、审查员所授权的专利在无效程序中被宣告无效的概率以及审查意见通知书中引用现有技术文件的数量。但是上述这些指标都无法稳定且准确地衡量专利审查质量，下文将对此予以分析。

## 一、专利审查公众满意度

多数专利审查单位每年在整体层面都会公布专利审查社会满意度报告，我国国家知识产权局每年也会调查并发布专利审查公众满意指数。但是由于参与这一调查的往往是专利申请人，因此这一评价指标所针对的对象更多是专利审查单位的行政态度和办事效率，而并非专利审查质量。特别是考虑到社会对我国行政程序繁冗的传统认知，我国专利审查公众满意指数的年年攀升应当是国家和地方知识产权工作作风建设以及一站式服务开展的结果，而不能武断地归功于专利审查质量的提高。

同样，在审查员个体层面专利申请人的满意度反馈也不能作为评价某一特定审查员审查质量的指标。并且一旦专利审查单位采取这样的质量评价机制，审查员势必会尽量满足专利申请人的喜好，如此很容易导致审查员产生"以授权换好评"的扭曲倾向，这反而对专利审查质量具有负面的作用。

## 二、授权专利被无效的概率

虽然专利从理论上来看，某一特定专利在无效程序中的最终结果与其质量具有很强的相关性，但是在现实中，专利无效程序在本质上属于专利权人与行业内其他竞争者的博弈，其发生、进行与结果都会受到企业专利战略以及市场势力等诸多与专利质量无关因素的影响。

第一，虽然各国法律几乎都没有对提出专利无效程序的主体作出限制，可以是任何单位和个人，但是由于在无效程序中提出证据主张授权专利存在瑕疵的责任由无效请求人承担，其中伴随着大量精力与资金的投入，所以在现实中专利无效程序往往由专利权人在行业内的竞争者提出，提出的时机一般是在其被专利权人提出专利侵权诉讼并且现有技术抗辩又难以适用时，并且陷入侵权与无效争议的专利权，往往是在技术以及经济上具有较高重要性的。因此，专利无效程序在发生上具有一定的逆向选择效应，质量越高的专利陷入无效纠纷的概率反而越大。

第二，在无效程序进行的过程中，为了避免两败俱伤的局面，专利权人会试图与无效请求人进行和解，和解的具体形式一般为无效请求人撤回专利无效请求，专利权人撤回专利侵权诉讼，同时专利权人以低于市场价格的费用给予无效请求人一般许可。在和解磋商中由于无效请求人对涉案专利的质量信息的掌握上处于劣势地位，他只能根据整个行业中专利的平均状况在不同的情形下对和解条件抱有相同的预期，而质量较高专利的专利权人在和解磋商中往往会更加强硬，因此最终质量较高的专利最终经历无效宣告的概率更大，这也是一种逆向选择效应。

第三，专利无效宣告的最终结果，往往受到无效请求人与专利权人在法律程序中投入资金差别的影响，而这主要取决于双方经济实力的差别，与涉案专利质量的相关度不大。

总之，专利在无效程序中被宣告无效的概率与专利审查质量的相关性并不如理论上那么显著，也不适合衡量审查质量。

## 三、现有技术引文数量

从现实角度来看，专利审查质量的问题往往源于审查员对现有技术文件发掘的不足，因此，审查员在审查意见通知书中所援引现有技术文件的数量可以说明其审查意见所基于的文献基础是否充分。从理论上看，以审查员检索的对比技术文件的数量作为衡量审查质量的指标是以实证研究为基础的——曼恩和安德威尔斯（Mann and Underweiser）就曾建立logic回归模型，研究专利审查过程中对审查质量能够产生影响的变量，其最终发现审查员引用的对比文件的数量与审查质量显著正相关（Mann and Underweiser，2012）。❶

显然曼恩和安德威尔斯的研究结论从学理上来说具备科学性，也通过了严格的稳健性检验，但是这并不能说明通过引用对比文件数衡量专利审查质量的合理性，原因在于：上述研究结论是在该评价方式不存在的情况下得出的一个客观结果，而一旦引入该评价机制，审查员行为的动因就会改变，从而将引文数量作为一个主观追求的指标，此时引文数量与审查质量甚至有可能呈负相关关系。与之类似的情况是林肯电气公司曾基于文秘工作量与敲击键盘次数的客观关系，设计了一套软件记录工作日内的键盘敲击次数以作为秘书工作努力的考核指标，最终的结果是多数秘书通过午休时间无意义地反复敲击键盘而获得较高的考核评分。

因此，上述表征专利审查的指标虽然容易获得且量化，但是要么与审查质量不相关，要么容易受到其他因素干扰，在度量专利审查质量时均存在效度的问题，无法解决审查单位与审查员之间的信息不对称。

## 第四节　委托—代理理论模型研究

通过委托—代理理论分析可得，专利审查属于一个多任务流程，其中关于审查员完成审查数量任务的信息可以完全被专利审查单位掌握，但是关于审查员完成审查质量的信息属于审查员的私人信息，无法通过

❶ Ronald J. Mann，Marian Underweiser. A New Look at Patent Quality：Relating Patent Prosecution to Validity［J］. Journal of Empirical Legal Studies，2012，9（1）：1-32.

现有的一些指标来准确测量。

当信息不对称无法解决或解决成本过高时，委托人应当建立合理的激励机制影响代理人的收益，使得处于信息优势地位的代理人自主追求利益最大化的行为，在客观上同时给委托人带来最大的收益。具体而言，激励机制包括积极层面的绩效工资与职位晋升以及消极层面的降级与解聘机制。下文将通过理论模型分析这些机制对审查员行为的影响。

## 一、基本假设

假设审查员在专利审查过程中仅需要付出两种努力，分别是增加单位时间内完成审查数量的努力与确保审查质量达标的努力，分别以努力程度 $E_N$ 和 $E_Q$ 来衡量，且有：$E_N \in [0,1], E_Q \in [0,1]$。[1] 忽略其他因素的影响，可以认为审查员完成审查单位设定的数量任务的概率 $P_N$ 和审查质量在实质上达标的概率 $P_Q$ 分别与上述努力程度正相关，可以用式（4-1）表示：

$$P_N = \frac{1+E_N}{2}, \quad P_Q = \frac{1+E_Q}{2} \qquad （4-1）$$

参照朗缪尔和马尔库（Langinier and Marcoul）的研究，审查员完成专利审查工作的总成本 $C$ 可以用式（4-2）表示（Langinier and Marcoul，2009）：[2]

$$C = \frac{E_N^2}{2} + \frac{E_Q^2}{2} + \theta E_N E_Q \qquad （4-2）$$

其中 $\theta$ 表示两种任务之间并不是孤立的，当完成审查的数量增多时，

[1] Bengt Holmstrom, Paul Milgrom. Multitask Principal-Agent Analyses: Incentive Contracts, Asset Ownership, and Job Design [J]. Journal of Law, Economics & Organization, 1991, 29 (7): 24–52.

[2] Corinne Langinier, Philippe Marcoul. Monetary and Implicit Incentives of Patent Examiners [C]. Working Papers of University of Alberta, July 2009.

提高每件申请的审查质量必然会对成本带来倍增式的影响。需要指出的是，在人力资源管理的语境下，成本的含义与传统生产函数不同，$C$所指代的并不是具体的金额，而应当理解为对审查劳动所产生负效用的度量。

专利审查员的收益则取决于审查单位具体的人力资源管理体制。

## 二、欧洲专利局体制下的委托——代理问题分析

欧洲专利局是在《欧洲专利公约》（European Patent Convention）框架下建立的多边专利审查机构，其办事机构分布在慕尼黑、海牙、柏林以及维也纳，内部工作人员来自35个国家或地区。在欧洲专利局的工作人员分为A、B、C三类，其中A类工作人员为专利审查员，所占比例也最多，B类工作人员为行政管理人员，而C类工作人员则为技术人员，负责审查与检索系统的维护工作。❶

欧洲专利局对于审查员的招聘要求非常高，必须是工科专业大学以上学历，而且需要同时掌握英语、法语以及德语。审查员在入职之后将经历一年的试用期，而试用期内的业务表现将直接决定其初始级别。具体而言，欧洲专利局内审查员有6个级别，从A1-A4都为专业审查员（Professionals），A5为中层管理者（Middle Management），A6则为高级管理者（Senior Management）。欧洲专利局采用固定工资制，A1-A4的差别主要在固定工资数额的不同，A5以上的区别则主要体现在职权以及福利保障方面。❷

欧洲专利局决定审查员级别升迁时，考虑的因素包括审查数量、审查质量、工作态度以及专业潜质四个方面。其中在审查数量方面，欧洲

---

❶　Guido Friebel，Alexander K. Koch，Delphine Prady，Paul Seabright. Objectives and Incentives at the European Patent office［C］. Working Paper of IDEI，June 2006.

❷　Paul H. Jensen，Alfons Palangkaraya，Elizabeth Webster. Application pendency times and outcomes across four patent offices［C］. Working Paper of Intellectual Property Research Institute of Australia，January 2008.

专利局不是简单地统计完成专利审查案件的数量，而是根据审查员的核心工作（Core Activities）设置计分点，审查员在完成检索、审查意见发出、异议程序这些工作时都可以获得相应计分。而在审查质量方面，欧洲专利局会组织由资深审查员构成的晋升评审委员会（Promotion Boards）在被考评审查员完成但还未公布的专利审查中抽取一定的比例予以评判。最终审查员在以上四个方面的评判结果将通过五级打分表的形式作出，结果分别为：1-excellent，2-very good，3-good，4-normal，5-poor。评判的结果将决定审查员是否能够继续留任以及级别升迁的速度，根据欧洲专利局的内部统计数据，评判结果一直为good的专利审查员升到A4级需要19～25年，评判结果一直为very good的专利审查员升到A4级需要15～18年，而评判结果一直为excellent的专利审查员升到A4级则仅需要11～14年。

由上可以看出，在欧洲专利局采取的固定工资制下，审查员一个薪酬周期内完成专利审查案件的数量以及质量并不会影响其当期的工资收入。但是在决定审查员职位升迁、固定工资评级以及合同期满是否继续聘用时，欧洲专利局会考察该审查员自任职以来的综合表现，其中关于审查质量的考察，将通过抽检的方式获取评判样本，并由资深的审查员予以评判。

因此，在欧洲专利局的人力资源管理体制下，审查员投入两种努力对自身的意义体现在长期的职业稳定与发展。可以参照法韦尔（Farber）的研究引入长期效用函数$I(T)$，❶ 其中$T$表示审查员对自己在审查单位工作时间的预期，并且有$\dfrac{dI(T)}{dT}>0$，即审查员对自己工作时间预期越长，完成两项任务对其意义越大。审查员的收益$A_E$可以用式（4-3）表示为：

---

❶ Farber H. Mobility and Stability: The Dynamics of Job Change in Labor Markets［J］. Handbook of Labor Economics，1999，3（1）：3-37.

$$A_E = F + \frac{I(T)(1+E_N)}{2} + \frac{I(T)(1+E_Q)}{2} \qquad （4-3）$$

其中 $F$ 代表固定工资，为了与成本函数量纲保持一致，此处的收益也不是具体的金额，而是获得工资、职位升迁以及工作稳定给专利审查员带来正效应的度量。

在欧洲专利局的人力资源管理体制下，对于审查员来说，理性的工作努力规划应当满足式（4-4）所示：

$$\frac{\partial C}{\partial E_N} = \frac{\partial A_E}{\partial E_N}, \quad \frac{\partial C}{\partial E_Q} = \frac{\partial A_E}{\partial E_Q} \qquad （4-4）$$

即，

$$\frac{I(T)}{2} = E_N + \theta E_Q, \quad \frac{I(T)}{2} = E_Q + \theta E_N \qquad （4-5）$$

则有：

$$E_N = E_Q = \frac{I(T)}{2(1+\theta)} \qquad （4-6）$$

由式（4-6）可以得到以下两个结论。

（1）在欧洲专利局的人力资源管理体制下，专利审查员对于专利审查数量与专利审查质量的重视程度相同。

（2）当专利审查员对自己在审查单位工作时间预期较长时，其在上述两个任务上投入的努力程度都会比较大。

### 三、美国专利商标局体制下的委托—代理问题分析

美国专利商标局现行的人力资源管理体制设立于1976年，其中专利

审查员的基本固定工资采用14级工资系统（General Schedule 14），工资的级别由专利审查员的资历以及考核结果累积所决定，一般一个刚入职专利审查员的级别为GS-7，而工作3年以上的专利审查员级别在GS-9以上。

专利审查单位在设置年度基本审查数量任务时，对不同级别审查员的要求不同。例如，在化工领域对GS-7级审查员处理一件申请文件所要求的平均时间为39.3小时，对GS-12级审查员为27.5小时，对GS-14级审查员为20.4小时。在具体设定年度基本审查数量任务时，美国专利商标局会假设审查员将用每年度2080个工作时中的80%来进行专利审查工作，并且对一份专利申请的审查的过程给予2个计分点，分别为第一次审查意见通知书的发出以及最终处理结果的作出，以区分审查到不同阶段专利申请的工作量。与不同级别审查员年度基本审查数量要求不同相适应的是，他们的基本固定工资也有相应的差异，并且审查员的级别越高，其年度基本固定工资与年度基本审查数量任务之比也越高。

基本固定工资的数额并不考虑当期审查数量任务的完成与否，美国专利商标局为了激励审查员加快审查速度，在基本固定工资之外还设立了一系列的数量绩效奖金，主要包括以下几种。❶

第一，年度收益奖金（Annual Gain-Sharing Award）。由于美国专利商标局从财政上来看是一个自给自足的体制，审查员完成的审查任务越多，其给美国专利商标局所带来的经济收入也就越多，因此年度收益奖金的本质为工作所创造经济利益的分享，其金额最高可达专利审查员年度固定工资的6%。1999～2003年有60%～73%的专利审查员获得了该奖金。

第二，特别贡献奖金（Special Achievement Award）。当专利审

---

❶ Paul H. Jensen, Alfons Palangkaraya, Elizabeth Webster. Application pendency times and outcomes across four patent offices [C]. Working Paper of Intellectual Property Research Institute of Australia, January 2008.

查员连续四个季度完成的数量任务超过该季度基本数量任务的10%时，将可以获得相当于其年度固定工资5%的奖金；当专利审查员连续四个季度完成的数量任务超过该季度基本数量任务的20%时，将可以获得相当于其年度固定工资7%的奖金；当专利审查员连续四个季度完成的数量任务超过该季度基本数量任务的30%时，将可以获得相当于其年度固定工资9%的奖金。1999～2003年有63%～77%的专利审查员获得了该奖金。

第三，授权时滞缩短奖金（Pendency Reduction Award）。该奖金主要从审查员缩短专利授权时滞的角度出发，并且获得奖金的条件较为苛刻，1999～2003年只有28%～44%的专利审查员获得了该奖金。

美国专利商标局也会在长期对审查员完成基本审查数量任务的情况予以考核，当审查员第一次没有完成审查数量任务时，将会被口头警告，第二次将会被书面警告，而第三次将会被解雇。2004年，美国专利商标局一共作出了329项口头警告决定、48项书面警告决定以及17项解雇决定。

由上可知，不同级别的审查员年度基本固定工资与年度基本审查数量任务之比也存在差异，此外差异还体现在其他福利政策之上。而美国专利商标局在决定专利审查员级别升迁时，将专利审查质量作为一个重要的指标考查，其中专利质量保障办公室（Office of Patent Quality Assurance）会在每个审查员完成但未公布的专利申请中抽取2%～3%进行审核，并对其中的犯错率予以评判，根据美国专利商标局的统计，2000年审查员抽查的平均犯错率为6.6%，2002年为4.2%，2004年为5.3%。

可以看出，为了应对严重的专利积压问题，美国专利商标局引入了数量绩效的奖金模式，即在固定工资之外，设置绩效奖金，当审查员完成预先设定的审查任务配额时就可以获得该奖金，而在级别升迁以及续约考核方面，美国专利商标局的机制与欧洲专利局类似，会综合考虑审查员完成的审查数量与质量。当数量绩效奖金$\alpha$存在时，审查员的收益$A_U$

应当表示为式（4-7）：

$$A_U = F + \frac{\alpha(1+E_N)}{2} + \frac{I(T)(1+E_N)}{2} + \frac{I(T)(1+E_Q)}{2} \qquad （4-7）$$

对于审查员来说，理性的工作努力规划应当满足式（4-8）：

$$\frac{\partial A_U}{\partial E_N} = \frac{\partial C}{\partial E_N} \;,\quad \frac{\partial A_U}{\partial E_Q} = \frac{\partial C}{\partial E_Q} \qquad （4-8）$$

即，

$$\frac{\alpha}{2} + \frac{I(T)}{2} = E_N + \theta E_Q \;,\quad \frac{I(T)}{2} = E_Q + \theta E_N \qquad （4-9）$$

则有，

$$E_N = \frac{\alpha + I(T)(1-\theta)}{2(1-\theta^2)}$$

$$E_Q = \begin{cases} \dfrac{(1-\theta)I(T) - \alpha\theta}{2(1-\theta^2)} \ldots\ldots(I(T) > \dfrac{\alpha\theta}{1-\theta}) \\ 0 \ldots\ldots(I(T) \le \dfrac{\alpha\theta}{1-\theta}) \end{cases} \qquad （4-10）$$

由式（4-10）可得，当$I(T)$相对于$\alpha$较小时，$E_Q$的值将为0。也就是说，在美国专利商标局的人力资源管理体制下，当审查员对自己在审查单位工作时间预期足够短，并且数量绩效奖金额度足够高时，专利审查员在确保专利审查质量上所投入的努力将趋近于0，此时审查员所有的努力都将投入到审查数量的任务上去。

## 四、问题的解决——质量绩效奖金的引入

通过理论模型层面上欧洲与美国专利审查单位委托—代理问题的对

比，可以得出美国的审查员在任职预期较短时更容易轻视审查质量。舒尔特曾在实证研究中提出了欧洲专利局的审查质量高于美国，以及欧洲专利局的审查员平均任职时间长于美国这两个事实，但是并没有从人力资源管理体制的视角去理解这两个看似孤立事实之间的联系。❶

专利审查员的任职时间受多种因素影响，不能被审查单位控制，因此在上述两种体制下，审查单位无法根据现实的需要，灵活地调节审查员在两种任务上所投入的努力，然而如果通过在单位薪酬周期内，引入与升迁考核中类似的审查质量抽检机制，并设以相应的质量绩效奖金可以有效解决该问题，其效果可以通过修正上述模型来检验。

假设在美国的人力资源管理体制基础上引入质量绩效奖金，当抽查与评价方式合理时，可以认为审查质量在实质上达到标准的概率就是通过考核的概率。此时，审查员的收益$A$可以表示为式（4-11）：

$$A = F + \frac{\alpha(1+E_N)}{2} + \frac{\beta(1+E_Q)}{2} + \frac{I(T)(1+E_N)}{2} + \frac{I(T)(1+E_Q)}{2} \quad （4-11）$$

对于审查员来说，理性的工作努力规划应当满足式（4-12）：

$$\frac{\partial A}{\partial E_N} = \frac{\partial C}{\partial E_N}, \quad \frac{\partial A}{\partial E_Q} = \frac{\partial C}{\partial E_Q} \quad （4-12）$$

即，

$$\frac{\alpha + I(T)}{2} = E_N + \theta E_Q, \quad \frac{\beta + I(T)}{2} = E_Q + \theta E_N \quad （4-13）$$

则有，

$$E_N = \begin{cases} \dfrac{\alpha - \beta\theta + (1-\theta)I(T)}{2(1-\theta^2)} \ldots\ldots(I(T) > \dfrac{\beta\theta - \alpha}{1-\theta}) \\ 0 \ldots\ldots(I(T) \leqslant \dfrac{\beta\theta - \alpha}{1-\theta}) \end{cases}$$

---

❶ Florian Schuett. Patent Quality and Incentives at the Patent Office［J］. RAND Journal of Economics，2013，44（2）：313-336.

$$E_\varrho = \begin{cases} \dfrac{\beta - \alpha\theta + (1-\theta)I(T)}{2(1-\theta^2)} \quad \cdots\cdots (I(T) > \dfrac{\alpha\theta - \beta}{1-\theta}) \\ 0 \quad \cdots\cdots (I(T) \leqslant \dfrac{\alpha\theta - \beta}{1-\theta}) \end{cases} \qquad （4\text{-}14）$$

由式（4-14）可得，引入质量绩效奖金后，审查单位可以摆脱不可控任职时间预期带来的困扰，通过调节两种绩效奖金的额度来引导审查员的行为。

具体而言，专利审查单位应当在每年年末对当年专利时滞以及审查质量问题进行综合评估，其中对专利时滞问题的评估应当以当年结案审查的平均时间以及专利积压量为指标，而对审查质量的评估主要还是通过抽样检验的方式进行。当评估结果显示专利时滞问题较为突出时，审查单位可以选择设置相对较高的数量绩效奖金来促使审查员在增加结案数量方面投入更多努力；而当评估结果显示专利质量问题较为突出时，专利审查单位则可以选择相对较高的质量绩效奖金来促使审查员在提高审查质量方面投入更多努力。根据其他事业单位绩效奖金管理的经验，以上两类绩效奖金的数额设置的范围可以是固定工资的20%～40%，同时为了保证专利审查单位的财政支出稳定，需要控制二者总量的稳定。

为了实现对审查员行为的引导，还应当建立绩效奖金管理系统。首先，在每个工作年度开始前，将下一年两类奖金的额度予以公示，以使得审查员能够及时地按照审查单位的设想规划自己在审查工作中的行为；其次，审查员每期奖金发放时，也应当在系统中将审查数量以及质量任务考核的结果、奖金数额具体的计算方式等信息向审查员进行反馈，以激励其在以后的工作中进行合理调整。

### 五、我国现有的专利审查管理体制分析

我国国家知识产权局内部专利审查质量管理体现的建立经历了一个较长的探索过程，其中关于实质审查的质量管理始于1993年，而2004

年颁布的《实质审查质量管理办法（试行）》《实质审查质量检查标准（试行）》《实质审查质量评价办法（试行）》则标志着我国建立起了覆盖全流程、全审级的质量管理体系，根据其中的规定，国家知识产权局设有局、部和处三级审查质量管理系统。❶

　　局级质量管理系统的职责主要是根据内外部环境作出全局审查质量管理计划，并制定审查质量评价系统的各项末级指标；处级审查质量管理系统的职责主要在于组织由经验丰富的审查员构成的质检组，对处内结案但没有发文的案卷进行抽查，如果发现审查质量存在实质性的问题，质检组会将该案卷返回原先负责该案卷的审查员处，由其负责再审；部级审查质量管理系统则负责将处级质检抽查的结果落实到每个专利审查员的工作考核之中，当某一审查员犯错率较高时，其将参加部级审查质量工作培训，并且该数据还会作为审查员晋升考评的指标之一。

　　由上可以看出，我国国家知识产权局专利审查质量管理体系的实质环节在于处级审查质量管理中的抽检，其中抽检考察的基本单位是每一份案卷，而非每一个审查员，也就是说这种管理体制更加注重案卷层面的纠错，而不是审查员层面的激励，其中部级质量管理中的审查员考核只是案卷纠错的一个副产物。笔者认为，案卷层面的纠错式抽检，属于专利审查质量的事后控制机制，由于抽查率有限，绝大多数的案卷得不到审核，所以这种机制对审查质量的控制作用十分有限。而审查员对提高审查质量的动力也仅体现在考核中达标，并不会投入太多的努力。

## 第五节　本章小结

　　本章通过建立理论模型，研究了专利审查单位报酬与考评体系对审

---

❶　吕利强.试论提高专利审查质量的策略与方法［D］.北京：中国政法大学，2011.

查员行为的影响，表明当专利审查单位采取固定工资制，并在续聘与升职考核中综合考评审查员完成专利审查的质量与数量时，审查员会对专利审查数量与专利审查质量投入相同的重视程度，并且当审查员对自己留任时间预期较长时，其会较为努力地保证上述两个任务的完成；当专利审查单位在上述模式上引入数量绩效奖金，而审查员对自己留任时间预期较短且数量绩效奖金额度足够高时，审查员几乎不会在保证审查质量上投入任何努力；而在同时引入数量与质量绩效奖金的基础上，专利审查单位就可以不受留任时间预期这一不可控变量的影响，通过调节两种绩效奖金的额度来引导审查员的行为。

从人力资源管理的角度来看，我国与美国专利审查单位的体制类似，审查员的工资收入主要由结案数量决定，专利审查质量对审查员的意义也体现在长期的职位迁升与职业稳定。并且，我国专利审查系统工作人员也在一定程度上存在类似于司法系统工作人员的"先公职，再执业"的职业发展轨迹——先从事专利审查员工作提高业务水平并积累人脉，再从事专利代理实务工作取得更多经济收益，《专利代理管理条例（修订草案）》中关于审查员无须通过考试而直接授予专利代理人资格的规定，无疑将进一步为审查员的离职提供便利，所以美国审查员任职时间预期短的问题在我国同样存在。

联系上文中理论模型分析的结果可知，我国现阶段专利审查质量的问题从审查员经济动因来看，是人力资源管理体制和审查员任职时间预期这两个因素共同作用的结果，对这一问题的解决方式应当是在处级质检的基础上引入质量绩效奖金，从而将抽检由当前的针对案卷的事后纠错机制转变为引导专利审查员行为的事前激励机制。

而在与奖金挂钩的同时，现有的抽检还需要作出以下两点调整：

第一，改变现有的抽检方式，不以一个部门结案的案卷作为一个整体抽取一定比例，而是要对每一个审查员完成的案卷按照一定的比例抽取，并且要将抽检的频率和审查员的薪酬周期相匹配。需要指出的是，由于抽检的职能从纠错转变为对审查员行为的引导，因此可以通过适当降低抽检比例，并加大其在考核中所占权重的方式，以降低管理的成本。而在审查质量评价方式上，笔者认为，与美国"第二只眼"（Second Eye）将所抽取申请独立再审一遍以判断结论是否一致相比，更加合理的评价方式是面向专利审查的过程。具体而言，可以借助信息管理系统，提取专利审查各环节中的数据，重现审查过程，以标准化的手段判断专利审查的每个结点上是否存在问题。面向过程的标准化评判方式，可以避免传统针对结果的质检中，检验者与审查员结论不一致，无法判断谁是正确的情况。此外，针对过程的评判，使得基于瑕疵程序而得出的正确结论也会被作出消极评价，因此更能够规制审查员审慎地工作。

第二，对于专利审查质量的评价需要区分瓦格纳所提到的错误授权与错误拒绝，其原因在于：错误授权往往在于没有检索到相关的现有技术文件，审查员甚至可以在不做任何检索的情况下，在审查意见通知中表示不存在现有技术文件；而错误拒绝的情况则往往是审查员做了大量的检索工作，但是在判断"非显而易见"标准时出了问题，从而低估了专利申请的创造性。也就是说，错误授权反映的更多是工作态度问题，而错误拒绝更多反映的是业务水平的问题，从审查员的经济理性来出发，错误授权的工作量远小于错误拒绝，所以在审查工作中更容易犯的错误是后者。因此，在对审查质量进行质检时，要将授权案卷的抽检率提高，并在考核中赋予更高的权重，例如可以设定检查出一次错误授权对审查员考评的消极影响等同于三次错误拒绝。此外，对上述面向审查过程的质量考核而言，对两类错误所需要提取的信息也有区别：对错误授权而言，主要需要判断审查员的检索是否充分以及对可专利性的判断是否合理；对错误拒绝而言，主要需要关注审查员对申请人提交的修改以及答辩的处理等环节是否正确。

# 第五章 无效请求人利益驱动的专利 质量控制政策研究

专利无效程序作为专利质量的事后控制程序，其作用一度被各国政策制定者所忽视。如美国为了解决专利质量问题，在初期单纯选择从提高专利审查质量的方式出发，但又带来了专利积压的问题。这一矛盾在我国同样存在。近年来，为了提高专利审查质量，我国专利积压也变得越来越严重，据国家知识产权局统计，截至2010年年底，仅就发明专利而言，我国就有50多万件积压待审的申请，而国家知识产权局当年预测这一数字到2015年将会达到100万。对此，文家春提出专利积压同样具有社会危害性，这集中地体现在扭曲市场和阻碍创新两个方面，因此用专利积压换取专利质量的政策是不明智的（文家春，2012）。❶

对于这一普遍问题，莱姆利提出，专利审查程序之前承担了太多的质量控制职能，而现实中，专利质量的控制在本质上由两个程序构成，在专利局的事前审查行为之外，还包括社会公众事后对授权专利提起无效诉讼的行为。并且由于对特定领域现有技术信息，特别是非专利现有技术信息的了解，社会公众能够以更低的检索成本判断专利申请的质量。基于此莱姆利提出解决上述问题的关键应当在于让专利无效程序承担更多的质量控制职能（Lemley，2001）。❷

---

❶ 文家春.专利授权时滞的延长风险及其效应分析［J］.科研管理，2012（5）：139-145.

❷ Mark A. Lemley. Rational Ignorance at the Patent Office［J］. Northwestern University Law Review，2001，95（4）：1495-1529.

我国近年来专利无效宣告请求数量一直稳步增长，❶ 但是相对于专利授权量而言，我国授权专利被提出无效宣告请求的概率为2%，与日本的4%与欧盟的6%～8%相比还是有一定的差距，如果考虑到授权专利整体质量的差距，则更可以说明我国专利无效制度并没有发挥应有的事后控制作用。❷ 与莱姆利类似，程良友、唐珊芬也提出应当将专利审查与授权后异议程序作为一个整体发挥效用，但是对专利无效程序适用率低的原因以及如何充分发挥其职能却没有给出进一步的意见（程良友、唐珊芬，2006）。❸

基于此，下文将研究是哪些因素影响了我国专利无效程序对低质量专利的事后控制作用。与专利审查相比，专利无效程序最突出的特点在于无效请求人的自主性，即专利无效程序的提出、举证以及终止都取决于无效请求人的行为，而不受行政机关直接影响。并且，虽然我国专利法没有对提起专利无效宣告的主体进行限制。提出无效宣告的主体可以是任何单位或个人，在司法实践中也出现了北京大学张平教授对飞利浦公司"编码数据的发送和接收方法以及发射机和接收机"专利提起无效宣告请求这样的典型案件。当然这样公益类的专利无效宣告毕竟是凤毛麟角，在现实中我国绝大多数的专利无效宣告请求都是由专利权人的竞争对手在被提起专利侵权诉讼时作为对抗手段提出的。因此下文将从这一情形展开，基于无效请求人的经济动因，研究影响我国专利无效程序质量控制作用的因素，并且研究将从直接因素与间接因素两个方向展开：直接因素研究现有技术抗辩、和解以及资金投入差的影响；间接因素研究专利无效程序的正外部性、专利权人的威胁策略、专利质量信息

---

❶ 胥梅.试析我国无效宣告制度的完善［D］.西安：西北大学，2012.

❷ Haitao Sun. Post — Grant Patent Invalidation in China and in theUnited States，Europe，and Japan：A Comparative Study［J］. Fordham Intellectual Proerty，Media & Entertainment Law Journal，2004（15）：275-332.

❸ 程良友，汤珊芬.我国专利质量现状、成因及对策探讨［J］.科技与经济，2006（6）：37-40.

不对称以及专利审查质量的影响，其中专利审查质量对无效程序的影响将单独通过建立博弈模型的方式予以分析。

## 第一节　影响我国专利无效程序质量控制作用的直接因素

### 一、现有技术抗辩

现有技术抗辩是指在专利侵权诉讼中的被告针对原告的专利侵权指控，所采取的措施是通过举证证明其实施的技术属于现有技术，以对抗原告的指控。该抗辩手段诞生于德国，最初是用来避免由于错误授权而导致的使用落入专利保护范围的公知技术需要承担法律责任这一不公平情形的出现。在美国，现有技术抗辩仅能适用于等同侵权案件——在威尔逊（Wilson）案中，主审法院认为需要确立"现有技术除外"的原则，以应对等同原则，由此带来专利保护范围过度扩张。而对于相同侵权案件，由于法院在行政程序外有独立宣告专利无效的权力，并且现有技术抗辩在这类案件使用上的便利性会导致专利权虚化以及专利无效程序荒废，美国法院在相同侵权案件中一直拒绝现有技术抗辩主张。

我国的现有技术抗辩首先确立在司法实践中，最高人民法院2003年《关于审理专利侵权纠纷案件若干问题的规定》第40条就对现有技术抗辩进行了规定。而2008年第三次修订的《专利法》第62条则从立法层面对现有技术抗辩予以确认。对于这一立法态度，国内学者往往是从其积极意义的角度出发：如曹新明认为，现有技术抗辩的确立可以从阻止专利权人从现有技术中获得不当利益以及减少诉讼环节、节约诉讼成本和提高审判效率方面对社会产生积极作用；❶ 白涛认为现有技术抗辩在专利侵权诉讼中的意义主要体现在有限纠正专利审查过程中出现的错误授权和保护侵权诉讼中的被告这两个方面。❷

在我国司法实践中，提出专利无效宣告请求和主张现有技术抗辩是被诉侵权人在面对专利侵权诉讼时的两个替代性选择，正是由于现有技术抗辩的便捷性和经济性，导致了专利无效程序的适用空间大大缩小，具体而言，有以下两点。

第一，与美国的情况不同，我国法院没有独立宣告专利无效的权力，所以在面对专利侵权诉讼时，被诉侵权人如果提出无效宣告请求，则会受到由诉讼中止以及循环诉讼带来的审期延长问题的影响，而如果提出现有技术抗辩，则可以避免这一窘境，使得被诉侵权人能够尽早摆脱纠纷的困扰。

第二，与无效宣告请求中需要搜集专利技术相关信息不同，被诉侵权人在提出现有技术抗辩举证时，是将自己所实施的技术与现有技术相对比，由于被诉侵权人对自己所实施的技术更加了解而容易举证，加之专利文献中普遍存在公开不充分的情况，选择提出现有技术抗辩能够节省更多诉讼成本。

综上两点，被诉侵权人在所实施的为现有技术，同时又落入原告专利保护的范围时，往往会选择主张现有技术抗辩作为救济手段，而只有当不能提出现有技术抗辩时，被诉侵权人才会考虑提出专利无效宣告请求。虽然从对抗低质量专利的角度来看，提出现有技术抗辩具有效力，但是这种效力仅体现在个案中，诉讼结束后，低质量专利依然有效，并可以继续向其他主体收取许可费或提出新的诉讼威胁。并且现有技术抗辩的提出也无法为后续涉案者提供关于该专利质量的相关信息。

综上，现有技术抗辩的设立带来了节约专利诉讼成本的社会收益，

---

❶ 曹新明. 现有技术抗辩研究［J］. 法商研究，2010（6）：96-101.
❷ 白涛. 现有技术抗辩研究［D］. 重庆：西南政法大学，2012.

但同时也不可避免地带来了削弱专利无效制度事后控制专利质量作用的社会成本。

## 二、和　解

在专利无效程序中，和解是指专利无效请求人基于专利权人付出的对价而主动终止专利无效程序的行为。据统计，美国专利诉讼纠纷约有90%以上通过和解结案，而欧盟专利侵权无效案件的平均和解率也达到了80%，因此无效请求人与专利权人的和解被视为影响专利无效各因素中最重要的一个，并引起学者们的广泛重视：德尼科洛和弗兰佐尼（Denicolo and Franzoni）提出和解将影响到专利无效程序对低质量专利的震慑力（Denicolo and Franzoni，2003）；[1] 莫伊雷尔（Meurer）通过建立理论模型研究了专利权人与潜在无效请求人之间的博弈，他认为和解对专利无效制度功能的影响十分严重，并且不能通过单纯的反垄断政策来调节，因为反垄断政策虽然能够规制和解中的专利许可条款，但是由于高质量专利权人在任何情况下都不会选择和解，因此反垄断政策只能影响低质量专利权人与侵权人的和解收益，并不能影响诉讼选择（Meurer，2008）。[2]

根据我国《专利法实施细则》第72条第2款的规定，专利权人与被诉侵权人的和解一般会直接导致专利无效程序的终止，从而使得可能被宣告无效的专利避开事后审查。而2008年1月19日召开的第二次全国法院知识产权审判工作会议公布的数据显示，我国知识产权案件的和解撤诉率达57.21%，这其中专利案件和解的比例则更高。[3]

---

[1]　Vincenzo Denicolo，Luigi Alberto Franzoni. The contract Theory of Patents［J］. International Review of Law and Economics，2003，23（4）：365-380.

[2]　Michael J. Meurer. The Settlement of Patent Litigation［J］. The RAND Journal of Economics，1989，20（1）：77-91.

[3]　衣庆云. 知识产权诉讼和解策略解析［J］. 知识产权，2009（1）：35-40.

造成上述问题的原因在于，从本质来看，我国司法实践中的和解同样也是专利权人与被诉侵权人博弈的结果，具体形式为被诉侵权人撤回无效宣告请求，专利权人撤回权利侵权诉讼，与此同时，专利权人将以较低的费用给予被诉侵权人普通许可——从实质上来看，相当于专利权人向无效请求人支付了总额为市场许可与实收许可费用差值的和解费。由于这种形式的和解对专利权人而言，可以避免专利被无效的风险，对无效请求人而言，可以以较低的价格合法使用专利技术，因此双方都倾向于这种双赢的结果，在磋商中很容易一拍即合，而争议的焦点仅仅在于许可费用的数额。

### 三、资金投入差

与专利审查的行政机关主导特点不同，在专利无效程序中搜集判断可专利性的技术信息并证明专利不应被授权的责任由无效请求人承担，专利权人则对反驳无效请求人的无效理由与证据的主张负有举证责任，因此被诉侵权人与专利权人在无效程序的资金投入差别将直接影响专利无效程序的最终结果。

在美国专利无效可以通过行政或者司法两种途径提出。行政途径又分为单方再审与双方再审，前者的官方价格为2 520美元，平均周期为25.1个月，后者的官方价格为8 800美元，平均周期为36.1个月，❶需要指出的是，上述提到的价格仅仅是官方的行政收费，更长的审查周期也意味着双方再审在举证等方面投入更多的资金。根据统计，单方再审中宣告专利全部无效案件的占到了11%，维持全部权利要求的案件占到25%，其余的64%是在修改的基础上维持专利有效，而在双方再审中宣告专利全部无效的案件占到了60%，维持全部权利要求的案件占到5%，

---

❶ 美国审查指南MPEP 第2293，2693 节

剩余的35%是在修改的基础上维持专利有效。**❶** 可以得出，在有充足资金的前提下，无效请求人选择花费更高的双方再审程序可以提高专利被宣告无效的概率。司法途径的投入则更高，据统计，当涉案专利的价值在100万～2 500万美元时，专利权人与无效请求人的平均诉讼投入都在200万美元左右，法雷尔和莫杰斯（Farrell and Merges）认为其中必要的诉讼支出并不超过100万美元，这说明专利无效案件诉讼的双方当事人都愿意投入更多的资金以提高获得自己所期望的判决结果的概率，并且进一步指出能够提高胜诉概率的资金一般投入在以下五个方面：第一，访问更多的相关证人以获取与现有技术有关的确切信息；第二，雇佣高水平的律师以及技术专家；第三，在法庭上采取多种替代性的策略；第四，花费更多钱来设计情境以获得陪审团的同情；第五，检索出更多对自己有利的判例法（Farrell and Merges，2004）。**❷**

　　我国《专利审查指南》规定在无效宣告程序中，专利复审委员会通常仅针对当事人提出的无效宣告请求的范围、理由以及证据进行审查，一般不承担全面审查专利有效性的义务。可见，我国专利无效宣告程序类似于美国的双方再审，专利复审委员会的角色为居中裁判者，其不会为了保证整体授权专利的质量而积极搜集信息以判断专利的有效性，提出证据以支持专利无效或者有效主张的责任在于无效请求人以及专利权人。因此，我国的专利无效宣告程序在本质上是专利权人与被诉侵权人关于专利效力的竞争，这种竞争也可以认为是双方诉讼投入的竞争：衣庆云指出，我国专利无效程序存在取证难度大、费用高、诉讼中专业鉴定与专家证人出庭费用高、代理费用高等特点，而《专利法实施细则》关于一个月举证期限的规定无疑又增加了举证的成本，由此导致资金投

---

❶　Alan W. Kowalchyk. Patent Reexamination：An Effective Litigation Alternative？［J］. Landslide magazine，2010，3（1）：33-54.

❷　Joseph Farrell and Robert P. Merges. Incentives to Challenge and Defend Patents：Why Litigation Won't Reliably Fix Patent Office Errors and Why vAdministrative Patent Review Might Help［J］. Berkeley Technology Law Journal，2004，19（1）：1-28.

入多的一方往往能够占得优势。所以和美国的情况一样，在我国专利无效宣告的结果在一定程度上并不取决于涉案专利的质量，而取决于双方当事人的资金投入。❶

无效程序的结果受到资金投入的左右并不能直接说明该因素会影响我国专利无效程序控制专利质量的作用，问题的关键在于我国被诉侵权人在资金投入方面受到主观的投入意愿和客观的投入能力这两个因素的限制：从投入意愿方面来看，专利无效宣告的结果对被诉侵权人与专利权人收益的影响是不同的，专利被维持时被诉侵权人支付的侵权赔偿金的数额往往只有专利被宣告无效时专利权人损失的几分之一甚至几十分之一，因此被诉侵权人投入诉讼资金的动机会小于专利权人；从投入能力方面来看，被诉侵权人在企业规模上往往也会小于专利权人，在资本上不如后者雄厚，也往往不具备后者所拥有的专利事务团队与固定的诉讼开支预算，很难在诉讼投入上与之相抗衡。近年来，这一问题随着高智公司等一批专利钓饵涌入我国而变得更加严重，由于专利钓饵不生产产品，在专利侵权损害赔偿时往往以"合理许可费"的形式计算，这将会使其获得更大的收益，会计师事务所2009年的调查报告显示，由专利钓饵公司所提起的专利侵权诉讼案件的损害赔偿金额是一般企业专利侵权案件损害赔偿金额的近3倍，❷ 显然这将进一步拉大专利权人与被诉侵权人之间在无效中投入资金意愿的差距。而根据舍尔和洛西（Schaerr and Loshin）的研究，当遇到强硬的被诉侵权人时，专利钓饵的诉讼投资可以达到500万美元，其中有相当一部分用于维持专利的效力（Schaerr and Loshin，2011）。❸ 因此，现实中我国专利无效宣告程序的双方当事人在诉讼投入上存在着固有的不对等，这使得相当一部分低

---

❶ 衣庆云.知识产权诉讼和解策略解析［J］.知识产权，2009（1）：35-40.

❷ 曹勇，黄颖.专利钓饵的诉讼战略及其新发展［J］.情报杂志，2012（1）：25-30.

❸ Schaerr G C，J R Loshin. Doing Battle with " Patent trolls" Lessons from the Litigation Front Lines［R］. Winstin Strawn LLP，2011.

质量专利在金元的"庇护"下得以继续有效。

## 第二节　影响我国专利无效程序质量
## 控制作用的间接因素

### 一、专利无效的正外部性

正外部性是公用品的一个重要问题，当个体行为给整个社会带来的收益大于给自己带来的收益时，正外部性效应就会产生，直接的结果是该个体的投入将小于社会福利最优的水平。如果将搜集证据并提出专利无效请求看做一个生产行为，那么当专利成功宣告被无效所产生的利益最终被整个行业所享有时，正外部性的问题就会由此出现。

美国早期关于专利无效判决的法律后果一直适用1935年Triplett v. Lowell案的规则，即专利无效的判决结果仅对主张该专利无效的主体起作用——其基于此判决可以自由地使用该专利技术，并且不需要向专利权人支付任何费用，而专利权人仍然可以就该专利起诉后续的其他专利侵权人。但是1971年美国联邦最高法院在Blonder-Tongue案中提出让后续被诉侵权人重复地在一个已经被证明无效的专利上花费诉讼费用是对社会资源的严重浪费，因此推翻了上述规则，从此专利无效判决具有了绝对的效力。对于Blonder-Tongue规则的确立，美国大多数学者还是持支持的态度，而就是这其中一部分学者也提出，虽然Blonder-Tongue规则减少了社会总诉讼成本，但是其带来的另一个成本也是不容忽视的，即该规则剥夺了提出专利无效诉讼一方单独享有专利无效成功所带来收益的权利。也就是说，当被无效的专利技术将进入公有领域成为公用品

时，第三方无效低质量专利的动机将会减弱。❶

我国专利法对专利无效宣告法律后果的规定类似于美国的Blonder-Tongue规则，授权专利一旦被专利复审委员会宣告无效后，任何主体都可以自由并且免费地使用该专利，专利无效宣告请求人仅能作为其中的一员分享这一成果，而不能获得任何额外的收益。

从无效请求人的经济理性分析，Blonder-Tongue规则的法律效果在现实中将会促使以下三种情况发生。

第一，被诉侵权人会选择与专利权人和解。比较以下两种情况：当涉案专利权被宣告无效时，被诉侵权人作为专利无效请求人与行业内其他竞争者都可以免费使用该专利技术。假设行业内所有生产者的生产效率相同，那么他们生产出相关产品的成本也将相同，所以被诉侵权人只能在竞争市场上和其他竞争者一样按照边际成本出售该产品，并不能获得超额利润；当被诉侵权人与专利权人达成和解协议时，其则可以以相对于其他竞争者较低的许可费用使用该专利技术。同样，在行业内所有生产者生产效率相同的情况下，被诉侵权人生产该产品的边际成本就会低于其他竞争者，此时被诉侵权人能够以更低的价格来获得更大的市场份额，从而获得除专利权人之外最多的超额利润。因此，在专利案件司法实践中，由于正外部性效应的影响，被诉侵权人倾向于与专利权人达成和解。

第二，被诉侵权人会选择提出现有技术抗辩。在现实中，和解并不是总能够达成，这取决于专利权人与被诉侵权人对双方诉讼收益的预期是否一致，❷ 当专利权人与被诉侵权人在许可费的数额上存在不可调和的分歧时，被诉侵权人就只能在专利无效宣告请求与现有技术抗辩中选择其一作为对抗专利诉讼的手段。从对被诉侵权人个体的收益来看，成

---

❶ Joseph Scott Miller. Building a Better Bounty：Litigation-Stage Rewards for Defeating Patents [J]. Berkeley Technology Law Journal, 2004, 19（2）：667-739.

❷ 黎薇.企业专利诉讼战略：外国研究评述 [J].科技进步与对策, 2009（1）：156-160.

功地使专利无效与提出现有技术抗辩并被法庭采纳是没有多少差别的，但是前者在成本上显然要远远高于后者，因此作为理性的经济主体，被诉侵权人会倾向于选择提出现有技术抗辩。

第三，被诉侵权人相对于专利人会以较小的资金投入请求宣告专利无效。这种情况往往发生在被诉侵权人与专利权人无法达成和解，现有技术抗辩又不能适用的时候。此时，假设某产品的市场总利润为 $\pi$，生产该产品仅需要一个核心专利，❶ 在该产品市场上存在专利权人A，以及其他三个生产者B、C和D，除A外只有B一个主体生产该产品，因此A的收益为 $\frac{3\pi}{4}$，而B的收益为 $\frac{\pi}{4}$。当B被A起诉侵犯专利权又无法与A达成和解，同时该专利也不存在新颖性的问题时，B只能以创造性不足、公开不充分或者权利要求得不到说明书支持等理由来请求专利复审委员会宣告该专利无效。如果该专利确被宣告无效，市场上的四个主体都能够使用该专利技术，此时A只能平均地获得利润 $\frac{\pi}{4}$，而B的利润则也为 $\frac{\pi}{4}$；如果该专利确被维持，B需要向A支付侵权损害赔偿金 $\frac{\pi}{4}$，此时A的利润将为 $\pi$，而B的利润为0。由此可得，专利是否被无效对于A而言收益的差额为 $\frac{\pi}{2}$，而对于B而言仅为 $\frac{\pi}{4}$，从而A在专利无效程序中取得胜利的收益是B的两倍，因此A有更大的动力在无效程序中投入更多资金以维持专利的效力，对于B而言，专利无效成功给C与D带来的 $\frac{\pi}{2}$ 的利益都是公用品的正外部效应，不会在其选择诉讼投入所考虑的范围之内。

下文通过以下两个案例分析，以更直观地呈现专利无效程序正外部性的影响。

---

❶　这种情况在制药领域较为普遍。

（一）案例之一：Amazon 与 B&N 专利纠纷

1999年9月28日，Amazon公司提出的"通过互联网处理采购订单的方法和系统"专利申请获得美国专利商标局的授权，授权号为5960411。22天后，Amazon公司在西雅图联邦地方法院起诉其主要竞争对手B&N公司所使用的一键通（One-Click ordering method）技术落入了上述授权专利的保护范围。西雅图联邦地方法院于1999年12月1日对B&N公司发出了初步禁令（Preliminary Injunction）。

B&N公司在被起诉后不久，便向美国联邦巡回上诉法院（CAFC）提出了宣告Amazon公司于1999年9月28日所获授权专利无效的请求，CAFC于2001年2月宣布撤回初步禁令。在专利无效程序中，CAFC讨论了在此案前5个涉及软件专利权效力的典型判例，并认为Amazon公司的专利权在新颖性上存在问题。最终CAFC在正式裁定中提出涉案的Amazon公司专利是否因为缺乏新颖性而无效需要发回初审法院予以决定，并且CAFC还向西雅图联邦地方法院提供了一份内容有7页的"现有技术分析书"。业内人士表示基于该现有技术分析书，西雅图联邦地方法院不需要做任何额外工作就可以一步一步宣告Amazon公司的专利权无效。

然而，就在案件局势日趋明朗的时候，B&N公司却于2002年3月选择与Amazon公司和解。基于此，Amazon公司撤回了专利侵权诉讼，而B&N公司则撤回了专利无效宣告请求。此后，Amazon公司依然可以基于该专利权获得许可费用，并又提出了若干次的侵权诉讼。❶

（二）案例之二："伟哥"无效案

1989年，美国辉瑞公司研制出一种用于治疗心绞痛、高血压的药

---

❶ Joseph Scott Miller. Building a Better Bounty： Litigation-Stage Rewards for Defeating Patents〔J〕. Berkeley Technology Law Journal, 2004, 19（2）：667-739.

物，在后期的临床实验中发现该药物对治疗勃起功能障碍有很好的效果。于是辉瑞公司将该药的商品名定为Viagra，并开始就该新用途在世界100多个国家申请专利。

由于Viagra用于治疗阳痿用途的专利存在一定缺陷，加之2000年11月同一内容的专利在英国高等法院被驳回这一事实，我国企业普遍认为该专利在中国获得授权的可能性不大，因此多家制药企业投入大量资金进行研发并向国家药品监督局SDA申报生产，企图抢占最早的"市场高地"。

然而出乎国内制药企业预料的是，辉瑞公司于2001年9月19日获得了名称为"用于治疗阳痿的吡唑并嘧啶酮类"、专利号为ZL94192386.X的专利授权。作为应对，联想药业有限公司等13家制药企业联合对辉瑞公司Viagra用于治疗阳痿的发明专利向专利复审委员会提出无效宣告请求。专利复审委员会于2004年7月5日作出无效决定，宣告该专利无效。

辉瑞公司随即就专利复审委员会的决定向北京市第一中级人民法院提起行政诉讼。北京市第一中级人民法院认为，专利复审委员会作出的决定认定事实有误，适用法律错误，因此撤销了专利复审委员会作出的决定。联想药业等13家无效请求人不服北京市第一中级人民法院的行政判决，向北京市高级人民法院提起上诉。最终，北京市高级人民法院认为一审判定事实清楚，适用法律正确，因此驳回上诉，维持原判。❶

对比上述两个案例可以发现，在Amazon与B&N专利纠纷案中，B&N公司作为市场上的独立主体，如果其最终成功将Amazon公司的专利宣告无效，将其与市场上其他竞争对手一起分享这一成果，这就是典型的"鹬蚌相争，渔翁得利"，而如果其与Amazon公司合作，双方都可以获得更好的结果，这也就是B&N公司在确信能够将争议专利成功无效的情况下，却选择与Amazon公司和解的原因。而"伟哥"案则从反面印

---

❶ 刘启明.伟哥专利案引发的思考［J］.中国发明与专利，2010（11）：80-82.

证了这一问题。从中可以看到，专利无效的正外部性由于企业的联合行为被削弱时，和解发生的可能性就会降低。而对于此案最终争议专利权被维持或许可以解释为，虽然13家制药企业联合提起了专利无效宣告请求，但是这13家企业毕竟是经济利益独立的个体，其中每家企业在协商诉讼投入时往往只会站在自己的立场上进行考虑，这就不可避免地导致了整体诉讼投入的不足，最终导致在无效程序中失败。

对于正外部性效应的解决，学者普遍认为不应当退回到Triplett v. Lowell规则，因为这意味着法律的倒退，而在具体措施方面，凯森（Kesan）和米勒（Miller）都提出应当对成功无效专利的当事人给予相应的奖金，但是双方在奖金计算的意见上有所不同，凯森（Kesan）主张奖金应当在于填补当事人在专利无效程序中的诉讼支出（Kesan，2002），❶ 而米勒（Miller）则主张奖金的额度应当反映被无效的专利在商业上的重要性，因此，其提出应当将专利权人至专利无效之日实施该专利所获得的净利润作为奖金对待（Miller，2004）。❷

## 二、专利权人的威胁策略

专利权人在与被诉侵权人进行和解协商时，会有一系列的策略性行为，除了会从正面以较低的许可费作为"诱导"促使对方接受和解条件外，也会给予被诉侵权人一定的负面威胁，以作为其不接受和解条件的惩罚。威胁的内容主要包括日后不予许可使用专利技术，或者虽然同意许可，但是会收取歧视性许可费，这其中任何一种对于被诉侵权人的影响都是致命的，并且为了让这种威胁在日后的一系列诉讼中具有可信

---

❶ Jay P. Kesan. Carrots and Sticks to Create a Better Patent System [J]. Berkeley Technology Law Journal，2002，17（2）：763-797.

❷ Joseph Scott Miller. Building a Better Bounty： Litigation-Stage Rewards for Defeating Patents [J]. Berkeley Technology Law Journal, 2004, 19（2）：667-739.

度，专利权人一定会将其付诸实践。[1] 专利权人的上述策略性行为对于被诉侵权人的影响体现在以下两个方面。

第一，在和解磋商的过程中，无效请求人会基于专利权人提出的威胁，综合考虑是否接受和解条件。当其认为专利权人所提出的威胁真实并且严重时，在作决策前，这些要素会增加选择诉讼的成本。因此威胁策略在和解磋商的过程中会顾忌选择请求宣告专利无效而遭受到的惩罚，从而倾向于选择与专利权人和解。

第二，一旦无效请求人拒绝接受和解条件而选择了继续请求宣告专利无效，专利权人的报复性策略将导致无效请求人在无效程序中胜利与失败之间收益的差值增大，这将促使无效请求人在无效程序中投入更多资金以增大专利被宣告无效的概率。

显然在上述两种情形中，第一种情形将会对专利无效程序控制专利质量的功能产生消极影响，而第二种情形将会产生积极影响，并且由于和解的影响在于使得接受无效程序检验的专利数量总量在下降，因此前者的消极效应会大于后者的积极效应。

## 三、专利质量信息不对称

专利质量信息不对称是指专利权人与被诉侵权人在涉案专利质量信息获取地位上的不对等，关于专利质量信息不对称对专利无效程序的影响，国外学者之间存在一定的争议：施皮尔和史普博（Spier and Spulber）从积极的角度看待这一问题，认为信息不对称所带来的不确定性是促使专利权人与被诉侵权人选择法院裁决而非庭外和解的重要因素，因为如果双方对涉案专利的质量信息都十分了解，那么他们就很

---

[1]　Joseph Farrell，Robert P. Merges. Incentives to Challenge and Defend Patents：Why Litigation Won't Reliably Fix Patent Office Errors and Why Administrative Patent Review Might Help［J］. Berkeley Technology Law Journal，2004，19（1）：1-28.

容易在和解的条件上达成一致，从而避免继续诉讼给彼此带来的风险（Spier and Spulber，1993）；❶ 莫伊雷尔（Meurer）对此则有不同意见，其认为虽然专利质量信息不对称的存在从客观上使得和解的数量在减少，但是由于信息不对称使得被诉侵权人对所有类型的专利权人都会采取相同的谈判策略，显然质量较高专利的专利权人会倾向于选择诉讼，而质量较低专利的专利权人会倾向于选择和解，因此专利无效程序的效率会受到消极的影响（Meurer，1989）；❷ 邱也通过博弈分析在完美贝叶斯方程的基础上得出，当专利权人相对于无效主张者在专利有效性信息上占有优势时，往往会导致针对低质量的专利无效诉讼达成和解（Chiou，2008）。❸

我国专利权人与被诉侵权人之间的信息不对称也是普遍存在的，究其根源可以分为客观和主观两个方面：从客观方面来看，被诉侵权人对涉案专利相关在先技术信息的了解往往来源于本领域的公知常识以及对在先专利文献的检索，虽然作为行业内部成员，其在信息上相对于专利审查员处于优势地位，但是凭借这些信息还是很难准确地判断某一专利授权的合理性，而专利权人在研发的过程中能够掌握更多的非文献技术信息，并且涉案专利的说明书与权利要求书是由其或者在其指导下撰写完成的，对于专利新颖性以及创造性等问题，会有更加深入的了解；从主观方面来看，专利权人在申请专利时，为了获得更宽的保护范围，往往会有意隐瞒一些现有技术信息或者使用模糊的限定语言，而这些对于被诉侵权人而言都是无从知晓的。

由于上述这两类原因造成的信息不对称的存在，在无效与诉讼博弈

---

❶ K Spier，D Spulber. Suit settlement and trial：a theoretical analysis under alternative methods for the allocation of legal costs [J]. Journal of Legal Studies，1993，18（5）：67-85.

❷ Michael J. Meurer. The Settlement of Patent Litigation [J]. The RAND Journal of Economics，1989，20（1）：77-91.

❸ Jing-Yuan Chiou. The Patent Quality Control Process：Can We Afford An（Rationally）Ignorant Patent Office [J]. American Law & Economics Association Annual Meetings，2008，1-35.

中，不同质量专利的专利权人会根据自身的情况选择理性的策略，而被诉侵权人却只能对所有的专利权人采取相同的策略。显然在面对采取同样策略的被诉侵权人时，高质量专利的专利权人往往会在博弈中表现得更加强硬，不容易达成和解，而低质量专利的专利权人则容易接受和解条件，因此信息不对称所带来的一个客观后果是使得质量相对较高的专利面临无效的危险，而大量的低质量专利"逃过"专利无效程序的复查。

## 第三节 专利审查质量对专利无效博弈的影响机制

专利审查与专利无效作为两个专利质量的控制程序，在职能上并不是完全独立的，对专利质量的控制应当考虑两个程序的协同性，莱姆利在论述如何将专利质量控制职能理性地在这两个程序中分配时就提出了著名的"合理忽略"（Rational Ignorance）理论——与在专利审查中投入大量资源来保证每一份专利申请都得到严格审查相比，更加有效率的做法是降低专利审查质量而允许一定数量的问题专利获得授权，这些问题专利最终将会由于私人实施者提出无效而得到控制（Lemley，2001）。❶

与合理忽略理论相契合的是，美国在一段时期内一直实行所谓的"亲专利政策"，其中总统经济顾问委员会的报告即明确地指出了更广泛授权的必要性，根据美国专利法的规定，专利授权的法律意义仅仅是给予一个专利申请有效的假设，最终确定专利权效力的职责在无效案件受案法院。在亲专利政策的影响下，美国专利审查变得较为宽松，大量质量不高的专利申请获得授权，厄尔和杰克（Earl and Jack）随机选取

---

❶  Mark A. Lemley. Rational Ignorance at the Patent Office［J］. Northwestern University Law Review，2001，95（4）：1495-1529.

了294个在美国联邦上诉法院提出的无效诉讼案例，发现最终维持专利有效的只有89个，有效率仅为30%（Earl and Jack，1975）。❶ 问题专利引发的一系列社会问题使得专利审查政策再次成为争议的焦点：杰夫和勒纳（Jaffe and Lerner）就指出专利审查质量问题已成为近10~15年内影响美国专利系统效率的最重要因素之一（Jaffe and Lerner，2006）；❷ 贝森和莫罗（Bessen and Meurer）的研究表明对不符合可专利性标准的发明授权将严重阻碍技术的进步（Bessen and Meurer，2008）；❸ 法雷尔和夏皮罗（Farrell and Shapiro）指出此类错误授权行为还将导致技术创新市场的低效率（Farrell and Shapiro，2008）；❹ 田中新井（Koki Arai）进一步提出，亲专利政策虽然可以使得一国企业在短期内获得更多的收益，但是问题专利的大量出现，最终将损害该国的技术创新能力（Koki Arai，2010）。❺

　　基于上述这些社会问题，一些学者从学理层面对莱姆利的合理忽略理论提出质疑，其中邱在接纳莱姆利两个理论基础的前提下提出如下疑问：无效请求人是否能够准确地找到目标——低质量的专利。对此邱认为由于低质量专利的权利人在无效诉讼中往往倾向于选择和解，因而通过提出无效请求的途径并不能达到对专利质量的事后控制（Chiou，

---

❶ Kintner, Earl W. and Lahr, Jack L. An Intellectual Property Law Primer: A Survey of the Law of Patents, Trade Secrets, Trademarks, Franchises, Copyrights, and Personality and Entertainment Rights [M]. New York: Macmillan, 1975, 45-47.

❷ Adam B. Jaffe, Josh Lerner. Innovation and Its Discontents [J]. Innovation Policy and the Economy, 2006, 6（1）: 27-65.

❸ J Bessen, M J Meurer. Patent Failure: How Judges, Bureaucrats, and Lawyers Put Innovators at Risk [M]. New Jersey: Princeton University Press, 2008, 22-24.

❹ Joseph Farrell and Carl Shapiro. How Strong are Weak Patents [J]. American Economic Review, 2008, 98（4）: 1347-1369.

❺ Koki Arai. Patent Quality and Pro-patent Policy [J]. Journal of Technology Management & Innovation, 2010, 5（4）: 1-9.

2008）。❶ 杰夫和勒纳在研究中表示，尽管他们认同莱姆利提出的私人实施者的检索成本低于公共实施者，因而对于每一件专利申请都进行严格审查是不经济的，但是他们同时指出莱姆利在社会福利的分析中忽略了授权专利效力的不确定所带来的社会成本，这种成本将很大程度地削弱专利制度对技术创新的激励效应（Jaffe and Lerner，2006）。❷

　　尽管莱姆利的"合理忽略"理论将绝大部分的专利质量控制职能都赋予专利无效制度有失合理，然而事前与事后双轨制控制的视角为我国解决专利质量问题提供了一个新的思路。下文将结合我国实际，建立理论模型以探究专利审查制与专利无效制度间的影响机制，从无效请求人的动机出发研究专利审查如何影响无效请求人的动机，从而进一步影响无效程序的作用。

## 一、专利审查对专利质量的作用机制

　　关于专利质量的概念目前学界尚没有统一的意见，学者们分别从法律、技术以及经济等角度出发，进行了多样化的界定。下文将基于技术视角，认为专利质量是指某一授权专利本身创造性水平的高低。❸ 而根据布尔克和赖茨的观点，专利审查质量是指专利审查单位依照法定专利的授权技术质量标准对专利作出的一致性分类，即经审查授权的专利符合法律要求的程度（Burke and Reitzig，2007）。❹ 根据上述概念，从

---

❶　Jing-Yuan Chiou. The Patent Quality Control Process：Can We Afford An （Rationally） Ignorant Patent Office ［J］. American Law & Economics Association Annual Meetings，2008，1-35.

❷　Adam B. Jaffe，Josh Lerner. Innovation and Its Discontents ［J］. Innovation Policy and the Economy，2006，6（1）：27-65.

❸　Suzanne Scotchmer，Jerry Green. Novelty and Disclosure in Patent Law ［J］. RAND Journal of Economics，1990，21（1）：131-146.

❹　Burke P. F.，Reitzig M. Measuring Patent Assessment Quality：Analyzing the Degree and Kind of （in） Consistency in Patent Offices Decision Making ［J］. Research Policy，2007，36（9）：1404-1430.

逻辑上可以得出提高专利质量有以下两个途径：第一，从立法层面提高法定的专利授权标准；第二，从行政层面提高专利审查的质量。下文将通过建立理论模型探讨在既定的专利授权标准下，专利审查质量的变化对授权专利质量的影响，考虑到实用新型与外观设计专利在审查中基本不涉及实质问题的判断，下文的分析将以发明专利作为对象。

参照田中新井（Koki Arai）的研究，假设在企业的技术创新活动中，根据技术质量的不同，仅存在PC与PS这两种类型的成果，其中PC在现有技术的基础上具备了实质性的进步，PS仅来自现有技术的简单拼凑。❶ 在不考虑企业采取技术秘密的方式保护创新成果的情形下，企业在创新活动完成后会向专利审查单位提出发明专利申请，在此将以PC作为申请保护技术方案的企业界定为技术创新者，将以PS作为申请保护技术方案的企业界定为专利投机者，其中某一专利申请所涉及技术方案的具体类型属于专利申请人的私人信息，专利审查单位以及第三方在不投入任何取得成本时无从得知。

专利审查单位在收到发明专利申请后，会进行初步审查与实质审查，通过检索专利文献与非专利文献发掘现有技术，以最终决定是否授予发明专利权。需要指出的是，虽然我国《专利法》《专利法实施细则》以及《专利审查指南2010》中规定的审查中驳回申请的理由涉及多种，但其中由于缴纳费用以及修改专利申请文件等程序方面的驳回理由与授权发明专利的质量没有直接的关系，因此下文仅将检索到现有技术文件从而影响到专利申请的新颖性以及创造性作为申请驳回的理由予以考虑。从理论上来看，一件发明专利申请是否被驳回，取决于自身的质量以及专利审查单位对现有技术文件的检索程度。参照邱（Chiou）的研究，假设对技术创新性专利申请与投机性专利申请而言影响新颖性以及创造性的现有技术文件存在的概率分别为$\lambda D$和$D(0<D<1, 0<\lambda<1)$，而

---

❶ Koki Arai. Patent Quality and Pro-patent Policy［J］. Journal of Technology Management & Innovation, 2010, 5（4）: 1-9.

专利审查单位对所有相关现有技术文件检索的程度为$\alpha^P$，可得PC与PS在专利审查中被驳回的概率分别表示为：❶

$$E_{PC} = \alpha^P \lambda D \qquad\qquad (5\text{-}1)$$

$$E_{PS} = \alpha^P D \qquad\qquad (5\text{-}2)$$

需要指出，与第三章不同的是，本章关注的重点为无效请求人的经济理性而非专利申请人的，所以在此将不考虑法定专利授权标准对技术创新投入的影响。也就是说，在本章的模型中，技术创新者不会在技术创新时以满足授权条件作为标尺，专利投机者也不会在研发中不投入任何资源，所以二者的专利申请都有在实质上满足或不满足授权要求的可能性，差别在于满足概率的大小。在式（5-1）与式（5-2）中，$\lambda D$ 与 $D$ 能分别从反面衡量两种专利申请的质量，$\lambda D < D$ 表示 $P_C$ 的质量优于 $P_S$，$\alpha^P$ 则可以从正面衡量专利审查质量。当专利审查单位不考虑成本而穷尽对所有相关技术文件的检索时，则有：$\alpha^P = 1$，$E_{PC} = \lambda D$，$E_{PS} = D$。也就是说，当专利审查质量绝对高时，发明专利申请在审查程序中被驳回的概率完全由其自身的质量决定。然而在现实中，当专利审查质量高到一定程度时，进一步增大检索的努力程度将会导致边际成本的迅速上升，因此专利审查不可能穷尽对所有相关技术文件的检索，授权专利中也不可避免地会包含一定数量的 $P_S$，如果以 $\beta^0$ 表示技术创新活动得到 $P_S$ 概率，❷ $\beta$ 表示所有授权专利中 $P_S$ 所占的比例，则有：

$$\beta = \frac{\beta^0(1-\alpha^P D)}{\beta^0(1-\alpha^P D) + (1-\beta^0)(1-\alpha^P \lambda D)} \qquad\qquad (5\text{-}3)$$

当不考虑技术创新者的经济理性，而将创新活动视做完全客观的过

---

❶　Jing-Yuan Chiou. The Patent Quality Control Process：Can We Afford An （Rationally） Ignorant Patent Office ［J］. American Law & Economics Association Annual Meetings，2008，1~35.

❷　根据熊皮特的创新理论$\beta^0$取决于整个社会的技术发展水平，专利审查以及无效制度对其无反馈作用。

程时，根据熊皮特的创新理论$\beta^0$取决于整个社会的技术发展水平，专利审查以及无效制度对其无反馈作用。若以$D^0$从反面衡量社会授权专利的整体质量，则$D^0$可以表示为：

$$D^0 = \beta D + (1-\beta)\lambda D \qquad (5\text{-}4)$$

因而结合式（5-4），式（5-3）又可以表示为：

$$\beta = \frac{\beta^0(1-\alpha^P D)}{1-\alpha^P D^0} \qquad (5\text{-}5)$$

为了从模型上表示专利审查质量对授权专利整体质量的影响，对式（5-5）求的偏导数$\alpha^P$得到如下结果：

$$\frac{\partial \beta}{\partial \alpha^P} = \frac{\beta^0(D^0-D)}{(1-\alpha^P D^0)^2} < 0 \qquad (5\text{-}6)$$

由式（5-6）式可得，当专利审查质量提高时，社会授权专利的整体质量将提高，此集中表现为在技术市场上遇到$P_s$的概率将减小，这是与我们的直观经验相符的。

## 二、专利无效博弈对专利质量的作用机制

根据上文的分析可知，与专利审查所不同的是，专利无效制度对专利质量的作用并不能被专利审查单位直接控制，而是取决于专利权人与无效请求人之间的博弈。下文将在比较双方在诉讼与和解这两种博弈结果中收益的基础上，考察不同博弈结果取得的条件以及对专利质量控制的影响。

### （一）专利权人与无效请求人的诉讼收益分析

虽然我国专利法没有对提出专利无效宣告请求的主体作出任何限

制，但是，由上文可知，由于在专利无效宣告程序中检索现有技术文件以支持无效理由的成本全部由无效请求人承担，所以我国绝大多数的专利无效宣告请求都由专利权人的竞争对手所提出，并且在一般情况下，竞争对手都是在专利权人将其作为被告提起专利侵权诉讼时，提起专利无效宣告请求作为对抗手段。根据这种现实假设，基于任何一个竞争者的角度，在特定技术领域内的任何一项发明专利上都存在一个专利权人以及其他$N$-2个规模相同的竞争者，每一个竞争者的生产规模相同，都是整个技术市场的$\dfrac{1}{N}$，一个竞争者可能在一段时期内就不同发明专利与若干个专利权人进行博弈。对任何一项发明专利而言，当没有专利侵权行为发生时，专利权人可以获得该发明专利的全部市场利润$\pi$，而当有且只有一个竞争者侵权时，该竞争者的利润为$\dfrac{\pi}{N}$，此时由于市场份额的缩减，专利权人利润将下降为$\dfrac{(N-1)\pi}{N}$。

在专利侵权诉讼与无效博弈中，专利无效宣告的结果往往将直接决定侵权诉讼的判决结果，因此假设：如果发明专利权在无效宣告程序中被维持，专利权人将在侵权诉讼中胜诉，其将获得$\dfrac{\pi}{N}$的赔偿金，总收益则为$\pi$，此时，无效请求人的收益为0；如果发明专利权在无效宣告程序中被宣告无效，❶专权利人将在侵权诉讼中败诉，其不仅不能获得任何赔偿，还将因为丧失专利保护而失去另外$\dfrac{(N-1)\pi}{N}$的利润，此时，专利权人的收益为$\dfrac{(N-1)\pi}{N^2}$，无效请求人的收益为$\dfrac{(2N-1)\pi}{N^2}$。❷与专利审查类似的是，发明专利被宣告无效的概率也取决于专利的质量以及无效请求人检索现有技术文件的程度$\alpha^I$，但是由于信息不对称的存在，无效

---

❶　为了简化模型，本书不考虑专利被部分宣告无效的情况。

❷　在此均不考虑诉讼成本。

请求人只能根据授权发明专利的整体质量 $D^0$ 来预期自己的无效诉讼收益 $E_{V1}$：

$$E_{V1} = \frac{\alpha^I D^0 (2N-1)\pi}{N^2} - S(\alpha^I) \qquad （5\text{-}7）$$

其中检索成本 $S(\alpha^I)$ 为凸函数，即检索成本增加的幅度会随着检索程度的提高而提高。作为理性经济主体的无效请求人会选择使无效诉讼收益最大的均衡检索程度 $\alpha^{I*}$ 进行检索，所以有：

$$\alpha^{I*}(D^0) = \underset{\alpha^I}{\arg\max} \frac{\alpha^I D^0 (2N-1)\pi}{N^2} - S(\alpha^I) \qquad （5\text{-}8）$$

对式（5-7）求 $\alpha^I$ 的偏导数则有：

$$\frac{\partial E_{V1}}{\partial \alpha^{I*}} = \frac{D_0(2N-1)\pi}{N^2} - \frac{\Delta S(\alpha^{I*})}{\Delta \alpha^{I*}} = 0 \qquad （5\text{-}9）$$

而无效请求人的均衡无效诉讼收益则为：

$$E_{V1}{}^* = \frac{\alpha^{I*} D^0 (2N-1)\pi}{N^2} - S(\alpha^{I*}) \qquad （5\text{-}10）$$

由式（5-9）可得，无效请求人的均衡检索程度 $\alpha^{I*}$ 随着 $D^0$ 的增大而提高。也就是说，授权发明专利整体质量的下降将激励无效请求人在无效宣告程序中的检索行为，其原因在于当发明专利整体质量降低时，无效请求人的预期收益会因为发明专利被宣告无效概率的增大而提高，所以无效请求人选择更高检索程度符合其利益。

在诉讼中技术创新性专利权人以及投机性专利权人的诉讼期望收益将随着无效请求人的均衡努力程度的提高而降低，分别为：

$$E_{PC} = (1-\alpha^{I*}\lambda D)\pi + \frac{\alpha^{I*}\lambda D(N-1)\pi}{N^2} = \left[1-\frac{\alpha^{I*}\lambda D(N^2-N+1)}{N^2}\right]\pi \quad （5-11）$$

$$E_{PC} = (1-\alpha^{I*}D)\pi + \frac{\alpha^{I*}D(N-1)\pi}{N^2} = \left[1-\frac{\alpha^{I*}D(N^2-N+1)}{N^2}\right]\pi \quad （5-12）$$

### （二）专利权人与无效请求人的和解收益分析

为了避免在诉讼程序中两败俱伤，专利权人与无效请求人的博弈也有可能会达到和解的结果。由上文可知，根据我国的现实情况，和解的方式通常为专利权人撤回专利侵权诉讼，而无效请求人撤回专利无效宣告请求，同时专利权人以低于市场水平的许可费让出市场利润空间$\frac{\pi}{N}(0 < b < \frac{\pi}{N})$，可以视为专利权人向无效请求人支付了和解费$\frac{\pi}{N}-b$。

与专利诉讼不同的是，专利权人与无效请求人对于和解费的商定在本质上属于讨价还价行为，参照莫伊雷尔（Meurer）的研究，此时，无效请求人会要求在专利诉讼程序中可能获得的最高收益为和解费，❶ 即涉案发明专利百分之百确定为PS时的诉讼收益。因此，无效请求人对于诉讼收益的预期是基于$D$而不再是$D_0$，对无效请求人在和解时的收益$E_{V2}$则有：

$$E_{V2} = \frac{\pi}{N} - b = \frac{\alpha^{I\#}D(2N-1)\pi}{N^2} - S(\alpha^{I\#}) \quad （5-13）$$

其中$\alpha^{I\#}$为定值，代表发明专利全部为PS时无效请求人的均衡检索程度。

由式（5-13）可得此时需要支付的许可费为：

---

❶ J Bessen，M J Meurer. Patent Failure：How Judges，Bureaucrats，and Lawyers Put Innovators at Risk［M］. New Jersey：Princeton University Press，2008，22-24.

$$b = \frac{\left[ N - \alpha^{I\#} D(2N-1) \right] \pi}{N^2} + S(\alpha^{I\#}) \tag{5-14}$$

因此，和解时技术创新性专利权人和投机性专利权人的收益都为：

$$E = \pi - \frac{\pi}{N} + b = \frac{\left[ N^2 - \alpha^{I\#} D(2N-1) \right] \pi}{N^2} + S(\alpha^{I\#}) \tag{5-15}$$

### （三）专利无效博弈结果静态分析

在此将考察当专利审查质量保持不变时，不同类型专利权人与无效请求人的博弈结果将受到哪些因素的左右，以及不同的博弈结果对专利无效程序事后控制质量机制的影响。

专利无效博弈在本质上属于次序博弈，其中如果专利权人首先提出和解协商，则会被视做对自己的专利质量没有信心的标志，从而向无效请求人传递相关信息，该信息在诉讼中将会激励无效请求人的检索行为，而在进一步的和解协商中也会使得无效请求人表现得更为强硬。因此在该次序博弈中，先行者优势在无效请求人手中，由于 $E_{V2} > E_{V1}^{*}$，因此提出和解属于无效请求人的占优策略。专利权人作为次序博弈的后行动一方，仅能够根据自身在诉讼与和解中的收益的比较，选择接受或拒绝无效请求人提出的和解条件，而无法就具体的数额进行协商，因此，专利权人在博弈中处于 "Take it or Leave it" 的地位。

专利无效次序博弈的扩展形如图5-1所示，❶ 博弈结果分别如表5-1与表5-2所示。由于投机性专利权人的诉讼期望收益小于技术创新性专利权人，对于特定技术领域的若干的专利权人，可以得到以下两条博弈规制：

（1）当投机性专利人选择诉讼时，技术创新性专利权人一定会选择诉讼。

---

❶ 在图5-1中$I_{PC}$和$I_{PS}$分别表示技术创新性专利权人和投机性专利权人。

（2）当技术创新性专利权人选择和解时，投机性专利权人一定会选择和解。

很明显，投机性专利经过最终的无效宣告是专利质量事后控制机制发挥作用的前提条件，因此下文将根据投机性专利权人的博弈结果进行分类讨论。

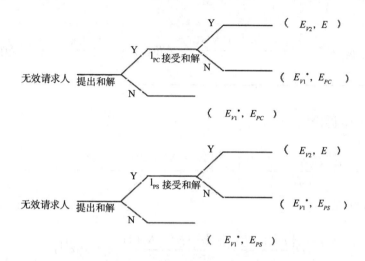

图5-1　专利无效博弈的扩展形

表5-1　投机性专利权人与无效请求人侵权－无效博弈收益矩阵

| 博弈结果 ＼ 博弈主体 | 投机性专利权人 | 无效请求人 |
|---|---|---|
| 诉讼 | $\left[1-\dfrac{\alpha^{I^*}D(N^2-N+1)}{N^2}\right]\pi$ | $\dfrac{\alpha^{I^*}D^0(2N-1)\pi}{N^2}-S(\alpha^{I^*})$ |
| 和解 | $\dfrac{\left[N^2-\alpha^{I^\#}D(2N-1)\right]\pi}{N^2}+S(\alpha^{I^\#})$ | $\dfrac{\alpha^{I^\#}D(2N-1)\pi}{N^2}-S(\alpha^{I^\#})$ |

表5-2　技术创新性专利权人与无效请求人侵权－无效博弈收益矩阵

| 博弈主体 / 博弈结果 | 技术创新性专利权人 | 无效请求人 |
|---|---|---|
| 诉讼 | $\left[1-\dfrac{\alpha^{I*}\lambda D(N^2-N+1)}{N^2}\right]\pi$ | $\dfrac{\alpha^{I*}D^0(2N-1)\pi}{N^2}-S(\alpha^{I*})$ |
| 和解 | $\dfrac{\left[N^2-\alpha^{I\#}D(2N-1)\right]\pi}{N^2}+S(\alpha^{I\#})$ | $\dfrac{\alpha^{I\#}D(2N-1)\pi}{N^2}-S(\alpha^{I\#})$ |

## 1. 完全诉讼区

当 $\left[1-\dfrac{\alpha^{I*}D(N^2-N+1)}{N^2}\right]\pi > \dfrac{\left[N^2-\alpha^{I\#}D(2N-1)\right]\pi}{N^2}+S(\alpha^{I\#})$ 时，博弈处于完全诉讼区：

$$D\left[\frac{\alpha^{I\#}(2N-1)-\alpha^{I*}(N^2-N+1)}{N^2}\right]\pi > S(\alpha^{I\#}) \qquad （5-16）$$

博弈结果在此区域内，均衡时该技术领域内的所有投机性专利权人都会选择诉讼，根据博弈规则（1），技术创新性专利权人也会全部选择诉讼，所以在该区域内不会有任何和解发生，专利无效程序能够很好地发挥事后质量控制的作用。根据式（5-16），当均衡处于完全诉讼区时，无效请求人的均衡检索程度 $\alpha^{I*}$ 需要足够小，此时 $D^0$ 与 $\beta$ 的值也足够小，因此专利审查质量需要足够高。

## 2. 完全和解区

当 $\dfrac{\left[N^2-\alpha^{I\#}D(2N-1)\right]\pi}{N^2}+S(\alpha^{I\#}) > \left[1-\dfrac{\alpha^{I*}\lambda D(N^2-N+1)}{N^2}\right]\pi$ 时，博弈处于完全和解区：

$$S(\alpha^{I\#}) > D\left[\frac{\alpha^{I\#}(2N-1)-\alpha^{I*}\lambda(N^2-N+1)}{N^2}\right]\pi \qquad （5\text{-}17）$$

博弈结果在此区域内，均衡时该技术领域内的所有技术创新性专利权人都会选择和解，根据博弈规则（2），投机性专利权也会全部选择和解，此时专利无效制度形同虚设，对事后控制授权专利质量发挥不了任何作用。根据式（5-17），当均衡处于完全和解区时，无效请求人的均衡检索程度需要足够大，此时$D^0$与$\beta$的值也足够大，专利审查质量需要足够低。

3. 不完全诉讼区

当$\left[1-\dfrac{\alpha^{I*}D(N^2-N+1)}{N^2}\right]\pi < \dfrac{\left[N^2-\alpha^{I\#}D(2N-1)\right]\pi}{N^2} + S(\alpha^{I\#}) < \left[1-\dfrac{\alpha^{I*}\lambda D(N^2-N+1)}{N^2}\right]\pi$ 时，博弈处于不完全诉讼区：

$$D\left[\frac{\alpha^{I\#}(2N-1)-\alpha^{I*}(N^2-N+1)}{N^2}\right]\pi < S(\alpha^{I\#}) < D\left[\frac{\alpha^{I\#}(2N-1)-\alpha^{I*}\lambda(N^2-N+1)}{N^2}\right]\pi \qquad （5\text{-}18）$$

在不完全诉讼区博弈均衡需要经过若干次的重复博弈才能达到，初始时该技术领域内的投机性专利权人会倾向于选择和解，而技术创新性专利权人会倾向于选择诉讼。但是此时博弈不会处于均衡状态，崔（Choi）的研究表明特定技术领域内，在先无效诉讼的结果将为无效请求人此后的关于其他专利的无效诉讼传递信息，❶ 具体而言，由于初始时投机性专利权人倾向于选择和解，经过多次博弈，无效请求人会发现在无效诉讼中遇到$P_S$的概率$\beta_S$远小于$\beta$。也就是说，在诉讼中所遇到发明专利的平均质量远高于初始的预期，于是在此后关于其他发明专利的一系列无效宣告中无效请求人将会根据对$\beta_S$的判断而将自己的检索程度

---

❶ Jay Pil Choi. Patent Litigation as an Information-Transmission Mechanism ［J］. The American Economic Review, 1998, 88（5）: 1249-1263.

由 $\alpha^*$ 降为 $\alpha_1$，此时投机性专利权人的诉讼收益会有所提高，因此会有更多的投机性专利权人选择诉讼，接着无效请求人将会发现对 $\beta_S$ 的预期又有些偏低，进而其在此后的无效宣告中又会提高自己的检索程度，这又将进一步影响到投机性专利权人的诉讼选择。经过若干次的博弈后，将达到均衡，此时对于投机性专利权人来说，选择诉讼与选择和解的收益相等：

$$\left[1 - \frac{\alpha_B^* \, D(N^2 - N + 1)}{N^2}\right]\pi = \frac{\left[N^2 - \alpha^{I\#} D(2N-1)\right]\pi}{N^2} + S(\alpha^{I\#}) \quad （5-19）$$

设均衡时在诉讼中遇到投机性专利的概率为 $\beta_B$，投机性专利权人诉讼的概率为 $\gamma$，则有：

$$\beta_B = \frac{\gamma\beta}{(1-\beta) + \gamma\beta} \quad （5-20）$$

由式（5-20）可得：

$$\gamma = \frac{\beta_B(1-\beta)}{\beta(1-\beta_B)} \quad （5-21）$$

均衡达到后，如果投机性专利权人选择诉讼的概率增加，在此后的重复博弈中无效请求人会降低对无效宣告中所遇到的发明专利平均质量的预期，从而提高无效宣告程序中的检索程度，于是投机性专利权人会因为诉讼收益的降低而更多地选择和解；均衡达到后，如果投机性专利权人选择和解的概率增加，在此后的重复博弈中，无效请求人将会提高对无效宣告中所遇到的发明专利平均质量的预期，此时其将会降低在无效宣告程序中的检索程度，投机性专利权人选择诉讼的概率将会因为诉讼收益的增加而提高。可以看到，无论短期内博弈的结果向哪个方向偏离均衡，投机性专利权人与无效请求人双方的理性行为将最终使得博弈在长期回归均衡点，因此该博弈均衡是稳定的。

由式（5-19）可得，$\alpha_B^* = \dfrac{\alpha^{I\#}(2N-1)}{N^2-N+1} - \dfrac{N^2 S(\alpha^{I\#})}{(N^2-N+1)\pi}$ 为定值，因此无效请求人的均衡检索程度与专利审查质量无关。而由式（5-18）可得，若均衡处于不完全诉讼区，则在博弈初始时，无效请求人的努力程度要比在完全诉讼区大一些而比完全和解区小一些。也就是说，不完全诉讼区对应授权发明专利的质量高于完全和解区而低于完全诉讼区，而不完全诉讼区对专利质量的控制效率也同样居于其他两个博弈区域之间。

（四）专利审查对专利无效博弈的作用机制

在此将分析专利审查质量的变化对无效事后控制作用的影响机制。当专利审查质量足够低时，专利无效程序的博弈结果将处于完全和解区，此时专利无效宣告制度不能对提高专利质量起到任何作用，因此本书在此仅讨论完全诉讼区与不完全诉讼区的情况。

当专利无效博弈的结果处于完全诉讼区时，所有的$P_S$都会接受专利无效宣告程序的检验，设$P_S$被宣告无效的概率为$P_1$，则有：

$$P_1 = \alpha^{I*}D \qquad (5\text{-}22)$$

当专利审查质量提高时，在技术市场遇到投机性专利的概率$\beta$将减小，无效请求人的均衡检索程度将降低，根据式（5-22）$P_1$也将降低，所以此时提高专利审查质量对专利无效事后控制具有抑制作用。

当均衡处于不完全诉讼区时，$P_S$最终经历无效宣告的概率为$\gamma$，设此时$P_S$被宣告无效的概率为$P_2$，则有：

$$P_2 = \gamma \alpha_B^* D \qquad (5\text{-}23)$$

由式（5-21）可得，当$\beta$减小时$\gamma$将增大，因此当专利审查质量提高时$\gamma$会增大，而由于在不完全诉讼区中无效请求人的均衡努力是定值，所以根据式（5-23），此时提高专利审查质量对专利无效事后控制具有促进作用。

专利审查质量的变化对专利无效宣告的影响机制可以用图5-2来表示。

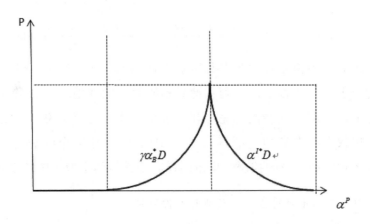

**图5-2 审查质量对专利无效宣告的影响机制**

综上，专利审查制度与专利无效宣告制度对于专利质量均可以起到控制作用，其中专利审查制度作为专利质量的事前控制措施，其对专利质量控制的效果可以受到专利局的主观控制，即专利局可以通过改变检索现有技术文件的程度来调整专利审查质量以及最终的授权专利质量；而专利无效宣告制度作为专利质量的事后控制措施，其对已获授权专利质量的控制则是专利权人与无效请求人双方追求各自利益最大化所带来的客观结果，其控制的效果主要取决于双方在专利侵权诉讼与专利无效宣告中的博弈结果。

专利无效宣告制度对专利质量的事后调控效率可以用投机性专利在其中被宣告无效的概率来衡量，该概率受投机性专利权人选择诉讼的概率以及无效请求人的均衡检索程度影响。在不完全诉讼区，无效请求人的均衡检索程度是一定的，专利审查质量的提高是通过提高投机性专利权人选择诉讼的概率来对专利无效的效力产生积极影响。在完全诉讼区，投机性专利权人选择诉讼的概率是一定的，专利审查质量的提高则是通过降低无效请求人的均衡检索程度来对专利无效的效率产生消极影响。

## 第四节　我国现阶段专利审查质量对专利
## 无效宣告影响的分析

由上文可知，在不同的现有专利审查质量下，继续提高审查质量对专利无效程序会带来不同方向的影响。在此本书将具体分析我国专利审查质量的现状及其对专利无效程序带来的影响，即在图5-2中所处的区域，为提出适合我国的相应政策的建议打下现实基础。

由于我国最近一次大幅度专利审查改革发生在2004年，吕利强的研究也指出我国现有专利审查框架的成熟始于2004年。❶ 因此下文将聚焦在此次专利审查改革对我国专利无效程序事后质量控制效率的影响。考虑到改革落实的滞后性，本书删去2004年当年的数据，同时为了保证期间的对称，本书将2001年1月1日后授权并且在2004年1月1日前作出无效宣告决定的专利归入组Ⅰ，以表征审查改革之前的情况；将2005年1月1日后授权并且在2008年1月1日前作出无效宣告决定的归入组Ⅱ，以表征审查改革之后的情况。具体的数据搜集方式如下：在专利复审委员会审查决定查询数据库中，选取"发明"与"无效"为限定条件，按照国际专利分类号8个部所对应的字母进行检索，人工统计宣告全部无效、维持有效以及宣告部分无效这三类决定结果的频数。这样的检索方式存在两个问题：第一，系统默认的不是按部检索，因此专利号中其他部分含有"A"的非"人类生活必需"部专利，在以"A"作为关键词检索时也会被检索到；第二，一些专利同时属于若干不同的部，可能出现重复统计的问题。因此在检索后笔者逐条审阅了每一个决定内容，以排除不相关和重复统计的部分。

统计结果如表5-3和表5-4所示。

---

❶　吕利强.试论提高专利审查质量的策略与方法［D］.北京：中国政法大学，2011.

表5–3    组 I 的审查决定统计结果

| 分类号 决定 | A | B | C | D | E | F | G | H |
|---|---|---|---|---|---|---|---|---|
| 全部无效 | 2 | 5 | 7 | 0 | 1 | 2 | 2 | 1 |
| 维持有效 | 6 | 7 | 11 | 4 | 3 | 2 | 3 | 1 |
| 部分无效 | 2 | 3 | 1 | 2 | 2 | 0 | 1 | 0 |

表5–4    组 II 的审查决定统计结果

| 分类号 决定 | A | B | C | D | E | F | G | H |
|---|---|---|---|---|---|---|---|---|
| 全部无效 | 20 | 14 | 15 | 6 | 4 | 9 | 5 | 7 |
| 维持有效 | 10 | 8 | 11 | 2 | 2 | 3 | 1 | 4 |
| 部分无效 | 11 | 6 | 3 | 2 | 2 | 1 | 1 | 4 |

为了判断组 I 与组 II 中专利无效程序的效率，在此可以进行简单地评分：基于对低质量专利发掘的角度，可以对一次全部无效决定赋分值为1，对一次部分无效决定赋分值为0.5，而对一次维持有效决定赋分值为0。专利无效程序效率分值$I$，可以表示为：

$$I = \frac{W_i + 0.5P_i}{M}$$

（5-24）

其中，$W_i$表示全部无效决定的个数，$P_i$表示部分无效决定的个数，$M$表示三种决定的总个数，两组的最终分值如表5-5所示：

表5–5    专利无效程序效率分值

| 分类号 组别 | A | B | C | D | E | F | G | H |
|---|---|---|---|---|---|---|---|---|
| I | 0.375 | 0.433 | 0.395 | 0.167 | 0.333 | 0.500 | 0.417 | 0.500 |
| II | 0.622 | 0.607 | 0.569 | 0.700 | 0.625 | 0.731 | 0.786 | 0.600 |

由表5-5可得组Ⅱ中各部专利无效程序的效率分值都高于组Ⅰ，再考虑到组Ⅱ所对应的时间区间中授权专利的总体质量高于组Ⅰ，即无效程序从低质量专利比例较少的总体中发掘出了更多的低质量专利。这说明专利审查质量的提高对我国专利无效程序事后作用起到了促进的效果，因此我国现阶段专利审查质量处于图5-2中曲线的上升部分，继续提高专利审查质量将对我国专利无效程序进一步起到积极影响。

## 第五节　本章小结

通过上文，对专利无效请求人提出无效请求的动机分析，可以将影响专利无效宣告程序事后质量控制作用的因素用图5-3来描述。

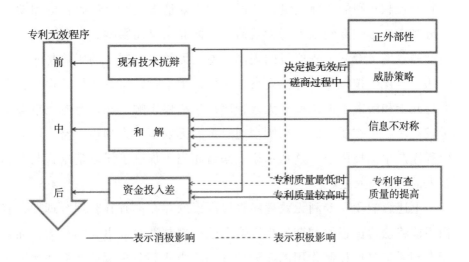

**图5-3　影响我国专利无效程序质量控制作用的因素**

影响专利无效程序的直接因素按照对无效程序影响结果体现出来的时间顺序依次为：侵权诉讼中现有技术抗辩的主张使得专利无效宣告请

求不会被提出；被诉侵权人与专利权人的和解将导致在进行中的无效程序被撤回；而被诉侵权人在无效程序中资金投入的劣势将会在无效宣告的结果中直接影响低质量专利的清出。

在影响专利无效程序的间接因素方面：专利无效宣告的正外部性将会同时加强现有技术抗辩、和解以及资金投入差这三个直接因素对专利无效程序的影响；专利权人的威胁策略在和解磋商过程中将会增大和解发生的概率而对无效程序的作用产生消极影响，一旦被诉侵权人决定继续无效程序，这一间接因素将会通过在一定程度上扭转被诉侵权人的诉讼投入差而对无效程序产生积极影响，并且前者的消极影响会大于后者的积极影响；被诉侵权人和专利权人之间存在的信息不对称会通过影响和解中低质量专利的比例抑制专利无效程序的作用。

专利审查质量从本质上也可以被视做影响无效程序的间接因素，其与专利无效宣告制度之间具有协同机制，专利审查质量的改变将直接影响社会授权专利的总体质量，从而影响无效请求人对诉讼收益的预期，并最终通过影响专利权人与无效请求人博弈结果而影响到专利无效宣告制度的效率。专利审查质量的提高对专利无效宣告制度的影响是非单调性的：当社会授权专利总体质量处于较低水平时，审查质量的提高将会通过减少和解发生的概率对无效程序产生积极影响，在现有专利审查质量较高时，审查质量的提高则会通过抑制无效请求人的检索努力而对无效程序产生消极影响，这从本质上来看相当于加剧了无效请求人与专利权人的资金投入差。

上述影响我国专利无效程序直接因素的存在都有其客观合理性，我们不能将法律倒退回初期的规定或者强行规制涉案当事人的行为，而对于专利质量事后控制作用的充分发挥，应当从调节更深层次的间接因素入手，引导涉案当事人的行为来实现。基于此，提出如下建议。

第一，设置奖励性措施以鼓励被宣告无效专利的无效请求人。这一措施可以有效地规避正外部性所带来的消极影响，奖励措施的具体形式可以是奖金，也可以是一定时期内的独占使用权。

第二，建立并积极引导专利事务行业协会处理行业内部的专利纠纷。由于行业协会的诉讼经费来源于行业内部企业的会费，而专利无效后这些企业也能在客观上获得相应的利益，因此这一措施也能够削弱正外部性的消极影响。

第三，对专利企业的歧视性许可行为予以反不正当竞争规制，即在与专利权人有过专利效力纠纷的企业以合理条件请求普通许可而被拒绝的情况下，由国务院专利行政部门给予强制许可。

第四，强化专利申请人的信息披露义务。对违背该义务不主动披露甚至故意隐瞒现有技术信息的专利申请人予以相应的惩罚，不仅可以解决专利局在审查时的信息不足问题，还能够在一定程度上解决专利无效程序中由于信息不对称所导致的"劣币驱逐良币"现象。

第五，在短期内继续提高专利审查质量。虽然近年来我国理论界以及实务界都对专利质量的重要性有了更全面的认识，授权专利质量也有了一定的提高，但是通过上文的我国现行专利审查质量对专利无效宣告影响的分析可以得知，从专利审查与专利无效协同机制的角度来看，继续提高专利审查质量所获得的社会收益大于社会成本，能够带来以下两点积极意义：首先，直接提高原始授权专利的质量，维持专利授权质量的公信力与稳定性，并且抑制投机性专利申请；其次，增加投机性专利在无效宣告程序中被宣告无效的概率，从而进一步提高专利质量事后控制机制的效率，在中长期对专利无效宣告数据进行实时统计，及时调整专利审查的质量。专利局的审查由于在获取现有技术的信息，尤其是非专利文献技术信息上的障碍，其检索成本往往高于同一行业内的其他竞争企业，所以专利审查质量并非越高越好。因此当统计数据显示专利无效宣告的效率降低时，应当根据两种控制措施的协同机制适当地调低专利审查质量，将检索现有技术的任务合理地分配给专利局与竞争性企业，从而达到社会福利的最大化。

# 第六章　结论与展望

## 第一节　结　论

随着《国家知识产权战略纲要》的逐步实施，我国本土专利从申请量与授权量上来看有了显著的提高。然而与此同时，专利质量与专利授权时滞问题也日益突出，解决上述问题成了理论界与实务界关注的焦点。目前，我国现有研究与改革措施的着眼点基本都在专利审查程序上，试图通过加大对审查单位的资源投入来解决审查质量与积压的问题，但是并没有取到预期的效果。通过借助熵的理论以及对其他国家专利政策演化路径的总结，可以得出，通过利益引导的方式，调节相关主体的行为，是解决专利系统无序问题的出路，其中如何引导专利申请人、专利审查员以及专利无效请求人的行为是本书关注的重点。

具体而言，通过本书的研究得可以得出以下研究结论。

第一，在对专利政策演化一般路径的研究中，本书以熵的理论为基础，并在总结其他国家规律的基础上得出，专利政策发展一般会经历三个阶段：第一阶段，政策价值取向表现为对专利系统规模的追求以及对本国创新主体的偏向性保护，典型的政策构成要素有政府资助专利申请与不授予专利权对象的设定；第二阶段，由于专利质量以及授权时滞这些问题的大量出现，政策的价值取向会逐渐转向对有序的追求，不过此阶段实现的方式往往是通过审查资源的投入，例如人力资源与电子系统的建设，这在本质上属于外部负熵的引入；第三阶段的转变则体现在政策价值的实现机理上，即通过对专利系统内部参与者的利益引导来实现对有序的追求。研究认为，从历史的角度来看，我国已实施的专利政策并不存在方向性的错误，而今后政策的发展方向应当在承认专利申请人、专利审查员以及专利无效请求人这些主体经济理性的基础上，实现对他们行为的引导。

第二，在对专利申请人利益引导机制的研究中，本书分别从专利申请人的专利投机行为与专利扩张行为展开分析：在第一部分，本书假设授权专利的质量完全取决于技术创新成果的质量，通过柠檬市场理论的框架分析，得出由于专利申请人与专利审查单位之间存在信息不对称，投机性专利申请有被授权的可能性，并且这种可能性会随着专利积压的严重而增大。此时，如果仅从立法层面提高专利授权的标准，而不提高专利审查质量，将进一步导致投机性专利申请将技术创新专利申请清出"市场"。而对上述柠檬市场效应的解决，本书提出应当解决信息不对称问题，并通过提高专利申请费，并降低授权后的维持费以实现费用提高的靶向效应，从而拉开提出不同质量专利申请的收益差额。在第二部分，本书通过典型案例分析专利扩张中的"通过模糊的技术特征描述向现有技术领域扩张"与"通过无法得到说明书支持的上位概括或功能性限定向未获解决的技术问题扩张"两种形式中专利申请人的获益方式，并提出应当通过引入禁止反悔原则，以及在权利要求解释时向周边主义原则靠拢的政策手段对以上两类行为进行规制。

第三，在对专利审查员利益引导机制的研究中，本书通过委托－代理理论的框架分析，得出在专利审查员与专利审查单位之间存在目标异质与信息不对称的问题，符合委托—代理问题发生的构成要件。在理论模型分析部分，本书得出欧洲专利局固定工资的模式会使审查员对审查质量与数量抱以相同程度的重视，审查员只有在对自己留任时间预期较长时，才会对二者投入较大程度的努力。而在美国专利商标局"固定工资+数量绩效奖金"的模式下，当审查员对自己留任时间预期较短，且数量绩效奖金较高时，审查员将会在确保审查质量上投入很小的努力。而在美国专利商标局模式的基础上，进一步引入质量绩效奖金则可以很好解决上述问题。基于此，本书提出了改进我国国家知识产权局审查管理体系的建议。

第四，在对无效请求人利益引导机制的研究中，本书分析了影响专利无效程序事后质量控制作用的直接因素与间接因素。最终得出，在直接因素方面：在侵权诉讼中的现有技术抗辩主张会使得无效程序无法被启动；无效请求人与专利权人的和解会使得正在进行的无效程序被撤回；无效请求人在无效程序中资金投入的劣势将会在无效宣告的结果中直接影响低质量专利的清出。在间接因素方面：无效程序的正外部性将会进一步加强现有技术抗辩、和解以及资金投入差对无效程序的消极影响；专利权人威胁策略的影响具有两面性，在和解磋商的过程中，其会增加继续无效程序的成本而迫使无效请求人选择和解，然而一旦无效请求人选择继续无效程序，威胁策略会激励其在无效程序中投入更多，从而对无效程序产生积极影响；无效请求人和专利权人之间存在的信息不对称会通过影响和解中低质量专利的比例抑制专利无效程序的作用；专利审查质量的提高在现有专利审查质量较低时，将会通过减少和解发生的概率对无效程序产生积极影响，在现有专利审查质量较高时，则会通过进一步加剧无效请求人的资金投入差而对无效程序产生消极影响。

## 第二节 展 望

本书也存在如下几点局限性，需要在后续的研究中进一步深入。

第一，本书第三章至第五章都是通过理论模型的研究方法，分别分析了专利申请人、专利审查员以及专利无效请求人的经济理性，理论模型方法的优点在于通过适当的假设将现实问题进行抽象，能够直观地表示不同因素间相互作用的关系，但是其结论可能会与现实有一定的差距，后续的研究应当在理论模型的基础中通过现有数据或者问卷的形式进一步进行实质性研究，以验证文中结论的可靠性。

第二，第五章采用赋值计分的方式比较了2005年专利审查改革前后，专利无效程序发掘低质量专利的效率，这种比较方法的缺陷在于无法排除两种数据之间的差异来源于随机因素的可能性。而用方差分析法则可以清楚地区分开组间方差与组内方差，从而更好地说明两组数据是否有显著差异。但是方差分析的方法对样本数量有一定要求，因此，后续的研究可以在获取更多无效案例判决结果的基础上，进行方差分析，以更好地研究专利审查改革对无效程序的影响。

第三，第四章从宏观视角提出了对专利审查员薪资体系中引入质量绩效奖金的建议，但是并没有对专利审查质量如何评判作出更有操作性的建议。后续应当从更加微观的视角，对专利审查质量的评判方法与指标进行相关研究。

# 参考文献

［1］　Abraham B. P　and Moitra S. D. Innovation Assessment through Patent Analysis［J］. Technovation，2005，21（4）：245-252.

［2］　Adam B. Jaffe and Josh Lerner. Innovation and Its Discontents［J］. Innovation Policy and the Economy，2006，6（1）：27-65.

［3］　Adam S. Quality over Quantity：Strategies for Improving the Return on Your Patents［J］. The Computer & Internet Lawyer，2006，32（12）：18-22.

［4］　Alfons Palangkaraya，Paul H. Jensen，Elizabeth M. Webster. Determinants of international patent examination outcomes［C］. Working Paper of Intellectual Property Research Institute of Australia，May 2005.

［5］　Alan W. Kowalchyk. Patent Reexamination：An Effective Litigation Alternative?［J］. Landslide magazine，2010，3（1）：33-54.

［6］　Allison J. R. and Hunter S. D. On the Feasibility of Improving Patent Quality One Technology at a Time：the Case of Business Methods［J］. Berkeley Technology Law Journal，2006，1（21）：730-757.

［7］　Arrow，K. Economic Welfare and the Allocation of Resources for Invention［C］. In R. Nelson，ed. The Rate and Direction of Inventive Activities：Economic and Social Factors. Princeton

University Press，1962，620.

[8] Arti K. Rai. Growing Pains in the Administrative State：The Patent Office's Troubled Quest for Managerial Control［J］. University of Pennsylvania Law Review，2009，157（6）：2051-2081.

[9] Atal V. and Bar T. Patent Quality and a Two Tiered Patent System［C］. Working paper of Cornell University，July 2013.

[10] A. W. Beggs. The licensing of patents under asymmetric information［J］. International Journal of Industrial Organization，1992，10（2）：171-191.

[11] Bebchuk L. Litigation and Settlement under Imperfect Information［J］. Rand Journal of Economics，1984，15（3）：404-415.

[12] Bernard Caillaud and Anne Duchêne. Patent office in innovation policy：Nobody's perfect［J］. International Journal of Industrial Organization，2011，29（2）：242-252.

[13] Bhaven N. Sampat. Determinants of Patent Quality：An Empirical Analysis ［EB/OL］. 2005. http//siepr. stanford. edu/programs/ SST_Seminars/patentquality_new. pdf_1. pdf. 2014-5-13.

[14] Boltzmann. Ueber die Ableitung der Grundgleichungen der Capillarität aus dem Principe der virtuellen Geschwindigkeiten ［J］. Annalen der Physik，1870，217（12）：582-590.

[15] Burke P. F. and Reitzig M. Measuring Patent Assessment Quality：Analyzing the Degree and Kind of （in）Consistency in Patent Offices Decision Making［J］. Research Policy，2007，36（9）：1404-1430.

[16] Carl Shapiro. Patent System Reform：Economic Analysis and Critique［J］. Berkeley Technology Law Journal，2004，19（3）：1017-1047.

[17] Carl Shapiro. Antitrust Limits to Patent Settlements［J］. RAND

Journal of Economics, 2003, 34 ( 2 ): 391-411.

[ 18 ]　Cecil D. Quillen, Jr. and Ogden H. Webster. Continuing Patent Applications and Performance of the U. S. Patent Office [ J ]. The Federal Circuit Bar Journal, 2001, 11 ( 1 ): 1-21.

[ 19 ]　Christopher Dent. The Responsibility of the Rule—maker: Comparative Approaches to Patent Administration Reform [ J ]. Berkeley Technology Law Journal, 2002, 17 ( 2 ): 728-761.

[ 20 ]　Clark D. Asay. Enabling Patentless Innovation [ J ]. Maryland Law Review, 2015, 431 ( 74 ): 1-66.

[ 21 ]　Clausius. On a modified form of the second fundamental theorem in the mechanical theory of heat [ J ]. Philosophical Magazine Series 4, 1956, 77 ( 12 ): 81-98.

[ 22 ]　Corinne Langinier and Philippe Marcoul. Monetary and Implicit Incentives of Patent Examiners [ C ]. Working Papers of University of Alberta, July 2009.

[ 23 ]　Corinne Langinier and Philippe Marcoul. Search of Prior Art and Revelation of Information by Patent Applicants [ C ]. Working paper University of Alberta, January 2009.

[ 24 ]　Dan L. Burk and Mark A. Lemley. The Patent Crisis And How the Courts Can Solve It [ J ]. Syracuse Science & Technology Law Reporter, 2010, 32 ( 6 ): 1-7.

[ 25 ]　Denicolo V. Economic Theories of the Nonobviousness Requirement for Patentability: a Survey [ J ]. Lewis & Clark Law Review , 2008, 12 ( 2 ): 443-459.

[ 26 ]　Dent Chris. Decision—Making and Quality in the Patent Examination Process: An Australian Exploration [ C ]. Working paper of Intellectual Property Research Institute of Australia, January 2006.

［27］ Dmitry Karshtedt. Did Learned Hand Get It Wrong?: The Questionable Patent Forfeiture Rule of Metallizing Engineering ［J］. Villanova Law Review, 2012, 57（2）: 261-337.

［28］ Doug Lichtman and Mark A. Lemley. Rethinking Patent Law's presumption of validity ［J］. Stanford Law Review, 2007, 60（1）: 100-127.

［29］ Farber, H. Mobility and Stability: The Dynamics of Job Change in Labor Markets ［J］. Handbook of Labor Economics, 1999, 3（1）: 3-37.

［30］ Florian Schuett. Patent Quality and Incentives at the Patent Office ［J］. RAND Journal of Economics, 2013, 44（2）: 313-336.

［31］ Frederick Soddy. Wealth, virtual wealth and debt ［EB/OL］. http://agris. fao. org/agris—search/search. do?recordID=US201300359948

［32］ Gaetan de Rassenfosse. Are Patent Fees Effective at Weeding out Low Quality Patents? ［C］. Working Paper of ZEW Centre for European Economic Research, June 2012.

［33］ George A. Akerlof. The Market for "Lemons": Quality Uncertainty and the Market Mechanism ［J］. The Quarterly Journal of Economics, 1970, 84（3）: 488-500.

［34］ Giuseppe Scellato, Mario Calderini, Federico Caviggioli, Chiara Franzoni, Elisa Ughetto, Evisa Kica. Victor Rodriguez1 Studyonthe quality of the patent systeminEurope ［R］. TenderMARKT/2009/11/D, Contract NoticeintheOfficial Journalof theEuropeanUnion2009/S147—214675of04/08/2009, March2011.

［35］ Graf S. W. Improving Patent Quality through Identification of Relevant Prior Art: Approaches to Increase Information Flow to the Patent Office ［J］. Lewis & Clark Law Review, 2007, 495

（11）：345-378.

［36］ Griliches Z. Patent Statistics as Economic Indicators: A Survey ［J］. Journal of Economic Literature, 1990, 28（4）: 1661-1707.

［37］ Gong J. and P. McAfee. Pretrial Negotiation, Litigation, and Procedural Rules ［J］. Economic Inquiry, 2000, 38（2）: 218-238.

［38］ Guido Friebel, Alexander K. Koch, Delphine Prady, Paul Seabright. Objectives and Incentives at the European Patent office ［C］. Working Paper of IDEI, June 2006.

［39］ Haitao Sun. Post—Grant Patent Invalidation in China and in the United States, Europe, and Japan: A Comparative Study ［J］. Fordham Intellectual Property, Media & Entertainment Law Journal, 2004, 15: 275-332.

［40］ Hall B. H. and Harhoff D. Post—Grant Reviews in the U. S. Patent System: Design Choices and Expected Impact ［J］. Berkeley Technology Law Journal, 2004, 19（1）: 1-27.

［41］ Holmstrom. B and P. Milgrom. Multitask Principal—Agent Analyses: Incentive Contracts, Assets Ownership, and Job Design ［J］. Journal of Law, Economics and Organization, v1990, （51）7: 24-51.

［42］ Iain M. Cockburn, Samuel Kortum, Scott Stern. Are All Patent Examiners Equal? The Impact of Characteristics on Patent Statistics and Litigation Outcomes ［C］. Working Paper of National Bureau of Economic Research, June 2002.

［43］ Ikechi Mgbeoji. African Patent Offices Not Fit for Purpose ［M］. Cape Town: Cape Town University Press, 2014, 234-247.

［44］ Jay Pil Cho. Patent Litigation as an Information—Transmission

Mechanism［J］. The American Economic Review, 1998, 88
（5）: 1249-1263.

［45］ Jay P. Kesan. Carrots and Sticks to Create a Better Patent System
［J］. Berkeley Technology Law Journal, 2002, 17（2）: 763-
797.

［46］ Jean－Jacques Laffont and David Martimort. The Theory of
Incentives: The Principal－Agent Model［M］. Princeton
University Press, Princeton, 2001.

［47］ Jerry R. Green and Jean－Jacques Laffont. Partially Verifiable
Information and Mechanism Design［J］. Review of Economic
Studies. 1986, 53（3）: 447-456.

［48］ J Bessen, M J Meurer. Patent Failure: How Judges,
Bureaucrats, and Lawyers Put Innovators at Risk［M］. New
Jersey: Princeton University Press, 2008, 22-24.

［49］ Jing－Yuan Chiou. The Patent Quality Control Process: Can We
Afford An （Rationally） Ignorant Patent Office ［J］. American
Law & Economics Association Annual Meetings, 2008, 1-35.

［50］ John A. Jeffery. Preserving the Presumption of Patent Validity:
An Alternative to Outsourcing the US Patent Examiner's Prior Art
Search［J］. Catholic University Law Review, 2003, 52（3）:
760-802.

［51］ John R. Thomas. The Responsibility of the Rulemaker:
Comparative Approaches to Patent Administration Reform［J］.
Berkeley Technology Law Journal, 2002, 17（2）: 726-761.

［52］ John R. Thomas. Collusion and Collective Action in the Patent
System: a Proposal for Patent Bounties［J］. University of Illinois
Law Review 2001 （1）, 305-353.

［53］ Joseph Farrell and Robert P. Merges. Incentives to Challenge and

Defend Patents: Why Litigation Won't Reliably Fix Patent Office Errors and Why Administrative Patent Review Might Help [J]. Berkeley Technology Law Journal, 2004, 19 (1): 1-28.

[54] Joseph Farrell and Carl Shapiro. How Strong are Weak Patents [J]. American Economic Review, 2008, 98 (4): 1347-1369.

[55] Joseph Scott Miller. Building a Better Bounty: Litigation—Stage Rewards for Defeating Patents [J]. Berkeley Technology Law Journal, 2004, 19 (2): 667-739.

[56] Kintner, Earl W. and Lahr, Jack L. An Intellectual Property Law Primer: A Survey of the Law of Patents, Trade Secrets, Trademarks, Franchises, Copyrights, and Personality and Entertainment Rights [M]. New York: Macmillan, 1975, 45-47.

[57] Koki Arai. Patent Quality and Pro—patent Policy [J]. Journal of Technology Management & Innovation, 2010 5 (4): 1-9.

[58] Lee Y. G. et al. An in—depth Empirical Analysis of Patent Citation Counts Using Zero—Inflated Count Data Model: TheCase of KIST [J]. Scientometrics, 2007, 70 (1): 27-39

[59] Maayan Perel. An Ex Ante Theory Of Patent Valuation: Transforming Patent Quality Into Patent Value [J]. Journal of High Technology Law, 2014, 148 (14): 148-236.

[60] Macho Stadler, Martinez Giralt, Perez Castrillo. The Role of Information in Licensing Contract [J]. Research Policy, 1996, 25 (1): 43-57.

[61] MacLeod, B, J. Malcomson. Implicit Contracts, Incentive Compatibility, and Involuntary Unemployment [J]. Econometrica, 1989, 57 (2): 447-480.

[62] Mark A. Lemley and Bhaven Sampat. Examiner Characteristics and

the Patent Grant Rate [C]. Working Paper of Stanford Law and Economics Olin, January 2009.

[63] Mark A. Lemley and Carl Shapiro. Probabilistic Patents [J]. Journal of Economic Perspectives, 2005, 19 (2): 75-98.

[64] Mark A. Lemley and Bhaven Sampat. Examiner Characteristics and Patent Office Outcomes [J]. Review of Economics and Statistics, 2012, 94 (3): 817-827.

[65] Mark A. Lemley. Rational Ignorance at the Patent Office [J]. Northwestern University Law Review, 2001, 95 (4): 1495-1529.

[66] Mark A. Lemley. Can the Patent Office Be Fixed? [J]. Marquette Intellectual Property Law Review, 2011, 15 (2): 294-307.

[67] Michael J. Meurer. The Settlement of Patent Litigation [J]. The RAND Journal of Economics, 1989, 20 (1): 77-91.

[68] Michael J. Meurer. Controlling Opportunistic and Anti—Competitive Intellectual Property Litigation [J]. Boston College Law Review, 2003, 44 (2): 508-544.

[69] Michael Risch. The Failure of Public Notice in Patent Prosecution [J]. Harvard Journal of Law & Technology, 2007, 21 (1): 179-232.

[70] Minoo Philipp. Patent filing and searching: Is Deflation in Quality the Inevitable Consequence of Hyperinflation in Quantity? [J]. World Patent Information, 2006, 28 (2): 117-121.

[71] Mirrless J. The Optimal Structure of Authority Incentives within an Organization [J]. Bell Journal of Economies, 1976, 7 (1): 105-131.

[72] Nancy T. Gallini and Brian D. Wright. Technology Transfer under Asymmetric Information [J]. The RAND Journal of Economics,

1990, 21 (1): 147-160.

[73] OE Williamson. Transaction—Cost Economics: the Governance of Contractual Relations [J]. Journal of Law and Economics, 1979, 22 (2): 233-261.

[74] Ove Granstrand. The Economics and Management of Intellectual Property [M]. Edward Elgar Publishing Limited, 2000.

[75] Paul H. Jensen, Alfons Palangkaraya, Elizabeth Webster. Application pendency times and outcomes across four patent offices [C]. Working Paper of Intellectual Property Research Institute of Australia, January 2008.

[76] Paul R. Gugliuzza. Patent Trolls and Preemption [C]. Research paper of Boston University, December 2014.

[77] Pierre M. Picard, Bruno van Pottelsberghe de la Potterie. Patent office governance and patent examination quality [J]. Journal of Public Economics, 2013, 253 (104): 14-25.

[78] Ron D. Katznelson. Patent Examination Policy and the Social Costs of Examiner Allowance and Rejection Errors [J]. Stanford Technology Law Review, 2010, 43 (5): 1-30.

[79] Ronald J. Mann and Marian Underweiser. A New Look at Patent Quality: Relating Patent Prosecution to Validity [J]. Journal of Empirical Legal Studies, 2012, 9 (1): 1-32.

[80] R. Polk Wagner. Understanding Patent—Quality Mechanisms [J]. University of Pennsylvania Law Review, 2009, 157 (6): 2135-2173.

[81] R. Polk Wagner. The Patent Quality Index [DB/OL]. www. law. upenn. edu/ blogs/polk/pqi/documents/2006.

[82] Sanford J. Grossman and Oliver D. Hart. An Analysis of the Principal—agent Problem [J]. Econometrica, 1983, 51 (1):

7-45.

[83] Schaerr G C, J R Loshin. Doing Battle with "Patent trolls" Lessons from the Litigation Front Lines [R]. Winstin Strawn LLP, 2011.

[84] Steven Shavell. Suit and Settlement vs. Trial: A Theoretical Analysis under Alternative Methods for the Allocation of Legal Costs [J]. Journal of Legal Studies, 1982, 11 (1): 55-81.

[85] Stephen A. Ross. The Economic Theory of Agency: The Principal's Problem [J]. The American Economic Review, 1973, 63 (2): 134-139.

[86] Susan Walmsley Graf. Improving Patent Quality Through Identification of Relevant Prior Art: Approaches to Increase Information Flow to the Patent Office [J]. Lewis & Clark Law Review, 2007, 495 (11): 43-56.

[87] Suzanne Scotchmer and Jerry Green. Novelty and Disclosure in Patent Law [J]. RAND Journal of Economics, 1990, 21 (1): 131-146.

[88] Sylvain Bourjade and Patrick Rey. Private Antitrust Enforcement in the Presence of Pre—trial Bargaining [J]. The Journal of Industrial Economics, 2009, 57 (3): 372-409.

[89] Takakura, S. Review of the Recent Trend in Patent Litigation from the Viewpoint of Innovation [DB/OL]. http: //www. rieti. go. jp/ en/columns/a01_0242. html.

[90] The Staff Union of the European Patent Office. A Quality Strategy for the EPO [J]. Working Paper of European Patent Office, May 2002.

[91] Timo Fischera and Philipp Ringlerb. What patents are used as collateral? An empirical analysis of patent reassignment data [J]. Journal of Business Venturing, 2014, 29 (5): 633-650.

［92］ Timo Fischera，Philipp Ringlerb. The Coincidence of Patent Thickets－A Comparative Analysis［J］. Technovation，2014，43 （21）：1-8.

［93］ Vincenzo Denicolo，Luigi Alberto Franzoni. The contract Theory of Patents［J］. International Review of Law and Economics，2003，23（4）：365-380.

［94］ Yamauchi Isamu，Nagaoka Sadao. An Economic Analysis of Deferred Examination System：Evidence from Policy Reforms in Japan［C］. Working paper of Hitotsubashi University，June 2014.

［95］ Yu－Hui Wang，Amy J. C. Trappey，Benjamin P. Liu，Tsai－chien Hsu. Develop an Integrated Patent Quality Matrix for Investigating the Competitive Features among Multiple Competitive Patent Pools ［C］. Proceedings of the 2014 IEEE 18th International Conference on Computer Supported Cooperative Work in Design.

［96］ Zeebroeck N. Patents only Live Twice：a Patent Survival Analysis in Europe［C］. Working Paper of CEB，October 2007.

［97］ 艾可颂. 我国专利无效制度的完善［D］. 上海：华东政法大学，2008.

［98］ 百度百科［EB/OL］. http：//baike. baidu. com/link?url=A－YdOHP4WkmyI_EKPTD uIaFZNn0zXAZt6Okk8s3hbAX9atOI7X W_3zevHN6bQiWH3Dgxv3Q6ZkkooH2PZ_fQq.

［99］ 白涛. 现有技术抗辩研究［D］. 重庆：西南政法大学，2012.

［100］ 曹新明. 现有技术抗辩研究［J］. 法商研究，2010（6）：96-101.

［101］ 曹勇，黄颖. 专利钓饵的诉讼战略及其新发展［J］. 情报杂志，2012（1）：25-30.

［102］ 陈海秋，韩立岩. 专利质量表征及其有效性：中国机械工具类专利案例研究［J］. 科研管理，2013，34（5）：93-101.

［103］ 陈希.中美专利制度比较［J］.科技投资，2008（2）：77-79.

［104］ 程良友.我国专利质量分析与研究［D］.武汉：华中科技大学，
2006.

［105］ 程良友，汤珊芬.美国提高专利质量的对策及对我国的启示［J］.
科技与经济，2007（3）：48-50.

［106］ 程良友，汤珊芬.我国专利质量现状、成因及对策探讨［J］.科技
与经济，2006（6）：37-40.

［107］ 丁建明.国有企业委托代理关系的优化研究［D］.济南：山东财经
大学，2013.

［108］ 樊霞，任畅翔.985工程高校产学研专利质量影响因素研究［J］.科
学学与科学技术管理，2014（6）：3-10.

［109］ 方世健，史春茂.技术交易中的逆向选择和中介效率分析［J］.科
研管理，2003（3）：45-51.

［110］ 高山行，郭华涛.中国专利权质量估计及分析［J］.管理工程学
报，2002，16（3）：66-68.

［111］ 谷丽，丁堃，陈树文.国家知识产权战略中的人才培养研究从专利
工作胜任素质视角［J］.生产力研究，2012，5（238）：90-92.

［112］ 谷丽，阎慰椿，丁堃.专利申请质量及其测度指标研究综述［J］.
情报杂志，2015，34（5）：17-22.

［113］ 谷丽，阎慰椿，任立强，丁堃.专利代理人胜任特征对专利质量的
影响路径研究［J］.科学学研究，2016（7）：1005-1016.

［114］ 官建成，高霞，徐念龙.运用h－指数评价专利质量与国际比
较［J］.科学学研究，2008，26（5）：932-937.

［115］ 管育鹰.专利侵权损害赔偿额判定中专利贡献度问题探讨［J］.人
民司法，2010（23）：83-88.

［116］ 国家知识产权局.世界知识产权组织：中国成专利申请第一大
国［EB/OL］.http: / /www. sipo. gov. cn /yw /2012 /201212 /
t20121213_780213. html, 2012-12-13 /2015-05-14.

［117］ 国家知识产权局.专利代理行业迎来发展新机遇［EB/OL］.http：//
www. sipo. gov. cn /mtjj /2015 /201505 /t20150506_1113275. html，
2015-05-06 /2015-05-14.

［118］ 国家知识产权局.专利代理管理办法（70号）［EB/OL］.http：//
www. sipo. gov. cn /zwgg /jl /201504 /t20150430_1111398. html，
2015-04-30 /2015-05-14.

［119］ 国家知识产权局专利局审查业务管理部.专利审查高速路（PPH）
用户手册［M］.北京：知识产权出版社，2012.

［120］ 韩蕊.美国专利制度的历史演进及其对技术创新的影响［D］.上
海：华东师范大学，2006.

［121］ 贺延芳.我国专利审查高速路对外合作网络已初步形成［EB/OL］.
（2014－03－28）［2014－09－01］. http：/ /www. gov. cn /
xinwen /2014－03 /28 /content_ 2648873. html.

［122］ 何艳霞.国外专利加快审查机制及其对我国的借鉴研究［D］.北
京：中国政法大学，2010：41-42.

［123］ 和育东.专利侵权损害赔偿计算制度：变迁比较与借鉴［J］.知识
产权，2009，19（113）：7-18.

［124］ 黄德海，窦夏睿，李志东.中美发明专利申请加快审查程序比较研
究［C］，2014年中华全国专利代理人协会年会第五届知识产权论
坛论文集，北京：知识产权出版社，2014：1-8.

［125］ 黄颖.企业专利诉讼战略研究［D］.武汉：华中科技大学，2011.

［126］ 胡海容，雷云.知识产权侵权适用惩罚性赔偿的是与非——从法经
济学角度解读［J］.知识产权，2011（2）：70-74.

［127］ 胡谍，王元地.企业专利质量综合指数研究——以创业板上市公司
为例［J］.情报杂志，2015（1）：77-82.

［128］ 雷艳珍，杨玉新.美国专利法中的现有技术抗辩［J］.电子知识产
权，2010（3）：64-68.

［129］ 黎薇.企业专利诉讼战略：外国研究评述［J］.科技进步与对策，

2009（1）：156-160.

［130］黎运智，孟奇勋.问题专利的产生及其控制［J］.科学学研究，
2009（5）：660-665.

［131］李春燕，石荣.专利质量指标评价探索［J］.现代情报，2008，28
（2）：146-149.

［132］李清海，刘洋，吴泗宗，等.专利价值评价指标概述及层次分析
［J］.科学学研究，2007（2）：281-286.

［133］李荣德.应对涉外专利侵权诉讼的和解策略［J］.电子知识产权，
2004（12）：53-55.

［134］李小丽.中外在华有效专利存量的比较分析研究［J］.情报杂志，
2009（11）：5-9.

［135］刘启明.伟哥专利案引发的思考［J］.中国发明与专利，2010
（11）：80-82.

［136］刘晓玉.全球专利质量危机以及一些提高专利质量的举措［C］.
2011年中华全国代理人协会年会第二届知识产权论坛论文选编
集，2011.

［137］刘洋，郭剑.我国专利质量状况与影响因素调查研究［J］.知识产
权，2012（9）：72-77.

［138］刘洋，温珂，郭剑.基于过程管理的中国专利质量影响因素分析
［J］.科研管理，2012（12）：104-109.

［139］刘玉琴，汪雪峰，雷孝平.基于文本挖掘技术的专利质量评价与实
证研究［J］.计算机工程与应用，2007（33）：12-14.

［140］刘珍兰.公众参与专利评审机制研究［D］.武汉：华中科技大学，
2011.

［141］林甡，李晓莉.论专利审查与企业创新［J］.中国发明与专利，
2012（12）：105-106.

［142］吕利强.试论提高专利审查质量的策略与方法［D］.北京：中国政
法大学，2011.

［143］ 吕明瑜.专利联营中专利性质的竞争影响审查［J］.当代法学，
2013（1）：112-118.

［144］ 梅夏英.财产权构造的基础分析［M］.人民法院出版社，2002.

［145］ 马天旗，刘欢.利用专利引证信息评价专利质量的改进研究［J］.
中国发明与专利，2013（1）：58-61.

［146］ 马秀山.试论法国的专利审查制及对解决专利申请积案的意义
［C］.专利法研究会议论文集，北京：中国知识产权报社，
2002：167-171.

［147］ 马扬，张玉璐，王荣.科研组织的管理熵问题初探［J］.科学学与
科学技术管理，2004（2）：12-15.

［148］ 乔永忠.专利维持年费机制研究［J］.科学学研究，2011，29
（10）：1490-1494.

［149］ 秦开宗.专利代理当务之急提高专利申请文件质量［J］.中国发明
与专利，2006，（9）：63-64.

［150］ 邱菀华.管理决策熵学及其应用［M］.北京：中国电力出版社，
2010：62.

［151］ ［韩］权五甲.韩国的高技术发展战略和政策［C］.走向2020年的
中国科技——国际中长期科学和技术发展规划国际论坛资料汇编.
2003.

［152］ 佘力焓，朱雪忠.专利审查高速路制度的理性探讨［J］.中国科技
论坛.2016（2）：140-146.

［153］ 佘力焓，朱雪忠.专利审查高速路运行分析［J］.科技管理研究.
2015（24）：142-147.

［154］ 佘力焓，朱雪忠.专利审查国际协作制度完善及中国的策略［J］.
科技进步与对策，2014（17）：106-110.

［155］ 宋河发，穆荣平，陈芳.专利质量及其测度方法与测度指标体系研
究［J］.科学学与科学技术管理，2010，31（4）：21-27.

［156］ 宋河发，穆荣平，陈芳，张思重，李振兴.基于中国发明专利数据

的专利质量测度研究［J］．科研管理，2014（11）：68-76.

［157］ 孙国瑞．专利法修订有助于提高专利质量［J］．中国发明与专利，2007（2）：28-29.

［158］ 王建华．英专利审查费今年起削减近半［J］．发明与革新．1997（10）：1-1.

［159］ 汪志诚．热力学•统计物理［M］．北京：高等教育出版社，2008：48.

［160］ 万小丽．专利质量指标研究［D］．武汉：华中科技大学，2009.

［161］ 万小丽．知识产权战略实施绩效评估中的专利质量指标及其作用研究［J］．科学学与科学技术管理，2009，30（11）：69-74.

［162］ 万小丽，朱雪忠．国际视野下专利质量指标研究的现状与趋势［J］．情报杂志，2009，28（7）：49-54.

［163］ 文家春．专利审查行为对技术创新的影响机理研究［J］．科学学研究，2012（6）：848-855.

［164］ 文家春．专利授权时滞的延长风险及其效应分析［J］．科研管理，2012（5）：139-145.

［165］ 文家春．我国地方政府资助专利费用机制研究［D］．武汉：华中科技大学，2008.

［166］ 文家春，朱雪忠．政府资助专利费用及其对社会福利的影响分析［J］．科研管理，2009（5）：89-95.

［167］ 吴红，付秀颖，董坤．专利质量评价指标专利优势度的创建及实证研究［J］．图书情报工作，2013，57（23）：79-84.

［168］ 向希尧，裴云龙．跨国专利合作网络中技术接近性的调节作用研究［J］．管理科学，2015，（1）：111-121.

［169］ 谢静．日本加大专利费用减免力度［EB/OL］．http://www.sipo.gov.cn/dtxx/gw/2006/200804/t20080401_353223.html.

［170］ 谢静，夏佩娟．美国和日本开通专利审查高速公路［J］．中国发明与专利，2006（8）：82-83.

［171］ 谢黎，邓勇，张苏闽.我国问题专利现状及其形成原因初探［J］.
竞争情报，2012（24）：102-107.

［172］ 许浩.破解"专利循环诉讼"怪圈［J］.中国经济周刊.2008
（45）：34-36.

［173］ 胥梅.试析我国专利无效宣告制度的完善［D］.西安：西北大学，
2012.

［174］ 许永兵，徐圣银.长波、创新与美国的新经济［J］.经济学家，
2001（3）：55-61.

［175］ 杨起全，吕力之.美国知识产权战略研究及其启示［J］.中国科技
论坛，2004，15（3）：102-126.

［176］ 叶静怡，李晨乐，雷震，曹和平.专利申请提前公开制度专利质量
与技术知识传播［J］.世界经济.2012（8）：115-133.

［177］ 衣庆云.知识产权诉讼和解策略解析［J］.知识产权，2009（1）：
35-40.

［178］ 殷钟鹤，吴贵生.发展中国家的专利战略——韩国的启示［J］.科
研管理，2003（4）：1-5.

［179］ 袁晓东，刘珍兰.美国专利申请人信息披露制度及其对专利质量的
影响［J］.情报杂志，2011（6）：14-19.

［180］ 袁晓东，刘珍兰.专利审查中现有技术信息不足及其解决对
策［J］.情报杂志，2011（3）：84-88.

［181］ 苑娟，万焱，褚意新.熵理论及其应用［J］.中国西部科技.2011
（2）：42-44.

［182］ 张古鹏，陈向东.保护性专利审查机制对企业专利战略效应研究基
于专利条件寿命期的视角［J］.科学学研究.2012（7）：1011-
1019.

［183］ 张古鹏，陈向东.基于专利的中外新兴产业创新质量差异研究
［J］.科学学研究，2012，29（12）：1813-1820.

［184］ 张古鹏，王崇锋.保护性专利审查机制与中外企业的专利战略选择

基于专利授权和条件寿命期的视角［J］.科研管理.2014（5）：9-18.

［185］ 张军荣，袁晓东.技术创新"范式"之争［J］.科学学研究，2013（11）：1601-1601.

［186］ 张米尔，胡素雅，国伟.低质量专利的识别方法及应用研究［J］.科研管理，2013，34（3）：122-127.

［187］ 张米尔，张美珍，冯永琴.技术标准背景下的专利池演进及专利申请行为［J］.科研管理，2012，33（7）：67-73.

［188］ 张钦红，骆建文.上海市专利资助政策对专利申请量的影响作用分析［J］.科学学研究，2009（5）：682-685.

［189］ 张娴."不授予专利的对象"研究［D］.湘潭：湘潭大学，2009.

［190］ 张智.专利侵权损害赔偿评估制度研究［D］.成都：西南政法大学，2010.

［191］ 周红桔.广东高新技术企业专利政策分析［C］.广东社科学学术年会——地方政府职能与社会公共管理论文集，2011：695-704.

［192］ 周璐，朱雪忠.基于委托—代理困境的专利审查数量与质量管理研究［J］.研究与发展管理.2016（2）：115-121.

［193］ 周璐，朱雪忠.影响我国专利无效程序质量控制作用的因素分析［J］.情报杂志，2014（9）：56-63.

［194］ 周璐，朱雪忠.专利质量语境下的柠檬市场效应分析［J］.科学学研究，2014（7）：1012-1018.

［195］ 周璐，朱雪忠.基于专利质量控制的审查与无效制度协同机制研究［J］.科学学与科学技术管理2015（4）：115-123.

［196］ 朱清平.专利权与专利质量［J］.发明与改革，2002（7）：20-21.

［197］ 朱雪忠.辩证看待中国专利的数量与质量［J］.中国科学院院刊，2013（4）：435-441.

［198］ 朱雪忠，乔永忠，万小丽.基于维持时间的发明专利质量实证研究——以中国国家知识产权局1994年授权的发明专利为例［J］.管

理世界，2009（1）：174-185.

［199］朱雪忠，佘力焓.专利审查高速路的制度成效困境与对策［J］.知识产权，2015（6）：87-93。

［200］朱雪忠，万小丽.竞争力视角下的专利质量界定［J］.知识产权，2009（9）：7-14.

［201］朱雪忠，郑旋律.专利审查高速路对后续申请国技术创新的影响研究［J］.情报杂志，2013，32（1）：135-141.

# 附录一 "一种防治钙质缺损的药物及其制备方法"申请公开文本

## 权 利 要 求 书

1. 一种防治钙质缺损的药物，其特征在于：它是由下述重量配比的原料制成的药剂：

可溶性钙剂　　　　　　4~8份

葡萄糖酸锌或硫酸锌　　0.1~0.4份

谷氨酰胺或谷氨酸　　　0.8~1.2份

2. 如权利要求1所述的一种防治钙质缺损的药物，其特征在于所述的可溶性钙剂是葡萄糖酸钙、氯化钙、乳酸钙、碳酸钙或活性钙。

3. 如权利要求1所述的一种防治钙质缺损的药物，其特征在于所述的药剂是散剂或口服液。

4. 如权利要求3所述的一种防治钙质缺损的药物，其特征在于口服液水与药物的重量比例为100:3~9。

5. 如权利要求1所述的一种防治钙质缺损的药物，其特征在于在配液罐中加入去离子水，加热至100℃，按所述比例倒入可溶性钙剂、葡萄糖酸锌或硫酸锌、谷氨酰胺或谷氨酸，搅拌、溶解、混匀，再加去离子水，使总水量与药物的重量比例为100:3~9，然后用80~120μm的垂熔玻璃滤器过滤，灌装成瓶，高温高压或微波灭菌。

## 说 明 书

一种防治钙质缺损的药物及其制备方法

本发明涉及一种防治钙质缺损的药物及其制备方法。

钙质缺损是人们普遍面临的一个医学问题。资料表明，目前世界上有70%左右的婴幼儿存在不同程度的缺钙，因之婴幼儿患佝偻病者甚多，在我国患者比例高达25%；孕妇中50%的人需要补充钙剂，胎儿时期的缺钙越来越引起人们的重视，孕妇要补充钙已成为常规保健条例；骨质疏松是老年人的一种常见病，尤其是绝经后的妇女，约有26%的人患有骨质疏松，其症状多为腰背疼痛，身材变矮及骨折等，严重影响了老年人的生活和工作，今后随着长寿人口的增多，患骨质疏松的人数也将日益增加，预计到2000年，其所占比例将从8%增至17%。针对人体钙质缺损这一问题，人们研制出了各种可食钙剂，如葡萄糖酸钙、乳酸钙、氯化钙，等等，但正常人的肠道仅能吸收食入量的3%，因此，虽然很多患者服用钙剂，但由于吸收差而不能达到很好的治疗效果。

本发明的目的在于克服现有技术之缺点而提供一种吸收快、效果好、服用方便、无毒副作用的一种防止或治疗钙质缺损的药物及其制备方法。

本发明的目的是这样实现的，选用下列药物成分及其重量比：

        可溶性钙剂                4～8份

        葡萄糖酸锌或硫酸锌       0.1～0.4份

        谷氨酰胺或谷氨酸         0.8～1.2份

可溶性钙剂可选用葡萄糖酸钙、氯化钙、乳酸钙、碳酸钙或活性钙。

制成口服液时，其水与所述药物的重量比为100：3～9。

制备本发明药物的配方优选重量配比范围是：

        可溶性钙剂                4～7份

        葡萄糖酸锌或硫酸锌       0.2～0.3份

        谷氨酰胺或谷氨酸         0.8～1份

制成口服液时，其水与所述药物的优选重量配比为100：3～7。

本发明药物最佳重量

| | |
|---|---|
| 可溶性钙剂 | 5份 |
| 葡萄糖酸锌或硫酸锌 | 0.25份 |
| 谷氨酰胺或谷氨酸 | 1份 |

制成口服液时，水与所述药物的最佳重量配比是100：5。

其中可溶性钙剂水溶解后便于吸收，直接增加摄入钙，谷氨酰胺或谷氨酸为小肠黏膜钙结合蛋白的主要组成部分，它可以使小肠钙结合蛋白含量增加，促进钙由小肠向血管内转移，增加钙在小肠的吸收，微量元素锌对骨骼的生长发育有着重要的营养作用，这种作用是通过生长介素，增加食欲，增加蛋白质的合成来实现的。

其制备方法如下，在配液罐中加入去离子水，加热至100℃，按所述比例倒入可溶性钙剂、葡萄糖酸锌或硫酸锌、谷氨酰胺或谷氨酸，搅拌、溶解、混匀，再加去离子水，使总水量与药物的重量比例为100：3～9，然后用80～120μm的垂熔玻璃滤器过滤，灌装成瓶，每支10ml，高温高压或微波灭菌，此即为本发明口服液产品，当然，如果把上述药物成分混配均匀，加入辅料制成散剂，装入胶囊，亦本发明产品。

本口服液的服用方法如下，3岁以下儿童每日1支；3～12岁儿童每日两次，每次1支；12岁以上每日3次，每次1支或者据病情加量，1个月为一疗程。散剂胶囊遵医嘱。

本发明产品曾做急性毒理试验，腹腔注射LD50为1 479mg/kg，灌胃6 000mg/kg时未发生毒性反应，表明其毒性小。本产品给药途径为口服，因此是一种十分安全的药物。本产品做长期毒性试验证明，在小、中、大三种剂量给药90天及停药21天观察中，与对照组相比，大鼠体重、食量、血象、血生化指标、主要脏器重量均无显著差异，大剂量组与对照组组织学检查均无异常，充分表明，本产品是一种十分安全的药物，可长期使用。为进一步临床验证本产品疗效和有无不良反应，本发明药物曾对儿童佝偻病及成人骨质疏松症，在不同医院进行疗效观察，现分述如下：

**治疗骨质疏松症的疗效观察**

**一、病例选择**：55例患者，均为我院疼痛门诊患者，男29例，女26例。年龄21～79岁。平均57岁±10.48岁。观察组40例，对照组15例。

**二、观察指标**：腰痛、腿疼、活动困难、麻木，抽搐等症状。腰背叩击痛、Chvostek征及Trosseau征等体征。血、钙、浓度，X线(腰椎)血、尿常规，肝、肾功能。

**三、评价标准**：显效，治疗后症状、体征有2/3以上好转，血钙上升大于0.125mmol/l或升至正常范围；有效，治疗后症状体征缓解1/3～2/3，血钙上升0.025mmol/l～0.125mmol/l；无效，治疗后症状体征无改善，血钙浓度不升高。

**四、观察方法**：观察组，骨营养液(本发明口服液，下同)3岁以下每日10ml，3～14岁，一日2次，每次10ml，成人一日3次，每次10ml，疗程15天。对照组，葡萄糖酸钙片(北京制药厂)，3岁以下，每日600mg，3～14岁每日2次，每次600mg，成人每天3次，每次600mg，疗程15天。

**五、实验结果**

**方法**：选择经X线确诊的有典型骨质疏松的患者55例，随机分为2组。①对照组15例，男6例，女9例，年龄59.7岁±6.7岁。②观察组，男23例，女17例，年龄54.3岁±9.6岁。于用药前和用药第15天，对上述观察指标进行测定。

**六、结果**

**（一）治疗后症状体征改善情况**

表1　治疗后两组患者临床表现的变化　　　　　　　　　　（例）

| | 腰腿痛缓解 | 腰腿痛未缓解 |
|---|---|---|
| 对照组 | 9 | 6 |
| 观察组 | 38 | 2 |

$X^2=10.75$　　$P<0.01$

### （二）治疗后两组患者，血钙水平的变化

**表2　两组治疗前后血钙水平的变化**

|  | 治疗前 | 治疗后 | t | p |
|---|---|---|---|---|
| 对照组 | $2.11 \pm 0.30$ | $2.32 \pm 0.21$ | 3.89 | <0.05 |
| 观察组 | $2.21 \pm 0.18$ | $2.49 \pm 0.16$ | 6.67 | <0.01 |

经治疗后，两组血钙水平均上升。

**表3　两组血钙上升辐度的比较**

|  | 血钙升高幅度 | t | p |
|---|---|---|---|
| 对照组 | $0.14 \pm 0.16$ | 2.31 | <0.05 |
| 观察组 | $0.26 \pm 0.12$ | 2.31 | <0.05 |

从表2中可以看到，经骨营养液治疗后，观察组血钙增高较对照组明显。

### （三）两组疗效观察

**表4　两组治疗后疗效比较**

|  | 显效（例） | 有效（例） | 无效（例） | 有效率（%） |
|---|---|---|---|---|
| 对照组 | 3 | 10 | 2 | 20% |
| 治疗组 | 35 | 4 | 1 | 87.5% |

$$X^2=10.75 \quad P<0.05$$

**讨论**：骨质疏松是一种常见病，好发于老年人，尤其是女性绝经后，可引起腰背痛、骨折及活动受限，严重影响老年人的生活质量。目前已证实补钙能有效地防治骨质疏松，改善患者症状。目前市场上的钙剂较多，但吸收好的钙剂很少。骨营养液既含有钙；又含有钙吸收促进剂，且为液体剂型，因此，吸收好，服用方便，本实验结果表明其能明显改善骨质疏松的症状。

### 七、结论

1. 本实验结果表明，骨营养液具有明显改善骨质疏松症状的作用，其疗效优于葡萄糖酸钙片。

2. 用药前后对血、尿常规，肝肾功能的检测表明，该药品无任何毒副作用。

3. 该药为液体剂型，服用方便。

**治疗小儿佝偻病的疗效观察**

**一、病例选择：** 50例患儿，均为我院儿科住院和门诊病人，男28例，女22例。年龄1.5个月~12岁，观察组35例，对照组15例。

**二、观察指标：** 多汗、易惊、睡眠不安、抽搐和麻木等症状，枕秃、Chvostek征及Trosseau征等体征；血钙、磷、碱性磷酸酶、X线的变化；血尿常规，肝、肾功能。

**三、评价标准：** 显效，治疗后症状、体征有2/3以上好转，血钙上升大于0.125mmol/L或升至正常范围；有效，治疗后症状体征缓解1/3~2/3，血钙上升0.025~0.125mmol/L；无效，治疗后症状体征无改善，血钙浓度不升高。

**四、观察方法：** 观察组，骨营养液(本发明口服液，下同)3岁以下每日10ml；3~14岁，一日2次，每次10ml，15天为一疗程。对照组，葡萄糖酸钙片(北京制药厂)，3岁以下，每日600mg，3~14岁每日2次，每次600mg，15天为一疗程。

**五、实验结果**

**方法：** 选择有典型佝偻病表现的患儿50例，所有病例均经病史，临床表现和血钙、磷、碱性磷酸酶及X线确诊，投药时无其他伴发病，将患儿随机分为观察组和对照组。①对照组15例，男9例，女6例，年龄1.4岁±1.0岁。②观察组35例，男19例，女16例，年龄1.3岁±1.2岁。于用药前和用药第15天，对上过观察指标进行测定。

## 六、结果

### （一）治疗后临床症状改善（表5）

表5　治疗后两组患儿临床表现的变化　　　　　　　　　　（例）

| | 多汗× | | 易惊×× | | 睡眠不安△ | | 枕秃△△ | | — | | — | | — | | — |
|---|---|---|---|---|---|---|---|---|---|---|---|---|---|---|---|---|
| | 已消失 | 仍存在 | 已消失 | 仍存在 | 已消失 | 仍存在 | 已消失 | 仍存在 |
| 观察组 | 31 | 1 | 34 | 0 | 27 | 1 | 1 | 24 |
| 对照组 | 9 | 3 | 11 | 2 | 8 | 1 | 0 | 8 |

$X^2=5.05$　　$** X^2=5.46$

$P<0.05$　　　$P<0.05$

$\triangle X^2=0.76$　　$\triangle\triangle X^2=0.33$

$P<0.05$　　　$P<0.05$

### （二）治疗前后血钙、磷、碱性磷酸酶等改变（表6）

两组病人的血钙磷、碱性磷酸酶治疗前后均无明显变化，（$P<0.05$）而血钙则差异显著。

表6　治疗前后两组患儿血钙的变化

| | 治疗前 mmol/L | 治疗后 mmol/L | t | p |
|---|---|---|---|---|
| 对照组 | 2.10 ± 0.19 | 2.30 ± 1.05 | 3.52 | <0.05 |
| 观察组 | 2.05 ± 0.22 | 2.41 ± 1.32 | 4.46 | <0.05 |

### （三）两组患儿治疗前后血钙上升幅度的比较（表7）

表7　两组患儿治疗前后血钙上升幅度的比较

| | 血钙的差值 mmol/L | t | p |
|---|---|---|---|
| 对照组 | 0.15 ± 0.32 | 3.36 | <0.05 |
| 观察组 | 0.23 ± 0.26 | — | — |

将两组患儿治疗后与治疗前血钙的差值进行t检验，有显著的差异。

（四）两组患儿治疗前后血常规、尿常规、肝、肾功能、心电图均无异常发现。

（五）两组治疗结果的疗效比较

表8　两组患儿疗效比较　（%）

|  | 显效 | 有效 | 无效 |
|---|---|---|---|
| 观察组 | 57.1 | 40.0 | 2.9 |
| 对照组 | 33.3 | 53.3 | 13.4 |

从表中可以看出，骨营养液的疗效明显优于葡萄糖酸钙片。

**讨论：** 佝偻病是儿科常见病，早期发现，适当治疗会大大降低致残率。常用的治疗方法是口服钙制剂或静脉注射葡萄糖酸钙，同时应用维生素D。但口服钙片，吸收率低；静脉注射葡萄糖酸钙不易被患儿及家属接受，本研究应用的骨营养液既含有钙又含有钙离子吸收促进剂，经临床验证，与葡萄糖酸钙相比，骨营养液能够明显地消除佝偻病患儿的临床症状。虽然二者均能使血钙升高，但骨营养液由于能较好的促进钙吸收，所以使血钙水平在相同时间内能够有较大程度的升高。而且治疗后患儿血常规、尿常规、肝肾功能、心电图均无异常发现。

**七、结论**

1.骨营养液具有明显改善佝偻病患儿症状，使血钙升高的作用，其疗效明显优于葡萄糖酸钙片。

2.用药前后对血、尿常规，肝肾功能的检测表明，该药品无任何毒副作用。

3.该药为液体剂型，患儿服用方便。

本发明药物临床使用结果表明，有下述优点：对人体无毒副作用，服用方便，吸收好，使血钙升高，对儿童佝偻病、成人骨质疏松症有明显疗效。

**实施例**1

选用下列药物成分及其重量比：

葡萄糖酸钙    5份

葡萄糖酸锌    0.3份

谷氨酸    0.8份

在配液罐中加入去离子水，加热至100℃，按比例倒入所述药物，搅拌、溶解、混匀、再加入去离子水，使先后加入的总水量与药物的重量比例为100：5，然后用80μm的垂熔玻璃滤器过滤，灌装成瓶，每支10ml，高温高压灭菌，此即为本发明产品。

**实施例**2

选用下列药物成分及其重量比：

活性钙    6份

硫酸锌    0.4份

谷氨酸胺  1份

在配液灌中加入去离子水，加热至100℃，按所述比例倒入活性钙、硫酸锌、谷氨酰胺，搅拌、溶解、混匀，再加去离子水，使总水量与药物的重量比例为100：6，然后用120μm的垂熔玻璃滤器过滤，灌装成瓶，每支10ml，微波灭菌，此即为本发明产品。

# 附录二 "一种防治钙质缺损的药物及其制备方法"授权文本

## 权 利 要 求 书

1. 一种防治钙质缺损的药物，其特征在于：它是由下述重量配比的原料制成的药剂：

活性钙　　　　　　4～8份

葡萄糖酸锌　　　　0.1～0.4份

谷氨酰胺或谷氨酸　　0.8～1.2份

2. 如权利要求1所述的一种防治钙质缺损的药物，其特征在于所述的药剂是散剂或口服液。

3. 如权利要求3所述的一种防治钙质缺损的药物，其特征在于口服液水与药物的重量比例为100∶3～9。

4. 如权利要求1所述的一种防治钙质缺损的药物，其特征在于在配液罐中加入去离子水，加热至100℃，按所述比例倒入活性钙、葡萄糖酸锌、谷氨酰胺或谷氨酸，搅拌、溶解、混匀，再加去离子水，使总水量与药物的重量比例为100∶3～9，然后用80～120μm的垂熔玻璃滤器过滤，灌装成瓶，高温高压或微波灭菌。

## 说 明 书

一种防治钙质缺损的药物及其制备方法

本发明涉及一种防治钙质缺损的药物及其制备方法。

钙质缺损是人们普遍面临的一个医学问题。资料表明，目前世界上有70%左右的婴幼儿存在不同程度的缺钙，因之婴幼儿患佝偻病者甚多，在我国患者比例高达25%；孕妇中50%的人需要补充钙剂，胎儿时期的缺钙越来越引起人们的重视，孕妇要补充钙已成为常规保健条例；骨质疏松是老年人的一种常见病，尤其是绝经后的妇女，约有26%的人患有骨质疏松，其症状多为腰背疼痛，身材变矮及骨折等，严重影响了老年人的生活和工作，今后随着长寿人口的增多，患骨质疏松的人数也将日益增加，预计到2000年，其所占比例将从8%增至17%。针对人体钙质缺损这一问题，人们研制出了各种可食钙剂，如葡萄糖酸钙、乳酸钙、氯化钙，等等，但正常人的肠道仅能吸收食入量的3%，因此，虽然很多患者服用钙剂，但由于吸收差而不能达到很好的治疗效果。

本发明的目的在于克服现有技术之缺点而提供一种吸收快、效果好、服用方便、无毒副作用的一种防止或治疗钙质缺损的药物及其制备方法。

本发明的目的是这样实现的，选用下列药物成分及其重量比：

可溶性钙剂　　　　　　4～8份

葡萄糖酸锌或硫酸锌　　0.1～0.4份

谷氨酰胺或谷氨酸　　　0.8～1.2份

可溶性钙剂可选用葡萄糖酸钙、氯化钙、乳酸钙、碳酸钙或活性钙。

制成口服液时，其水与所述药物的重量比为100∶3～9。

制备本发明药物的配方优选重量配比范围是：

可溶性钙剂　　　　　　4～7份

葡萄糖酸锌或硫酸锌　　0.2～0.3份

谷氨酰胺或谷氨酸　　　0.8～1份

制成口服液时，其水与所述药物的优选重量配比为100：3～7。

本发明药物最佳重量

| | |
|---|---|
| 可溶性钙剂 | 5份 |
| 葡萄糖酸锌或硫酸锌 | 0.25份 |
| 谷氨酰胺或谷氨酸 | 1份 |

制成口服液时，水与所述药物的最佳重量配比是100：5。

其中可溶性钙剂水溶解后便于吸收，直接增加摄入钙，谷氨酰胺或谷氨酸为小肠黏膜钙结合蛋白的主要组成部分，它可以使小肠钙结合蛋白含量增加，促进钙由小肠向血管内转移，增加钙在小肠的吸收，微量元素锌对骨骼的生长发育有着重要的营养作用，这种作用是通过生长介素，增加食欲，增加蛋白质的合成来实现的。

其制备方法如下，在配液罐中加入去离子水，加热至100℃，按所述比例倒入可溶性钙剂、葡萄糖酸锌或硫酸锌、谷氨酰胺或谷氨酸，搅拌、溶解、混匀，再加去离子水，使总水量与药物的重量比例为100：3～9，然后用80～120μm的垂熔玻璃滤器过滤，灌装成瓶，每支10毫升，高温高压或微波灭菌，此即为本发明口服液产品，当然，如果把上述药物成分混配均匀，加入辅料制成散剂，装入胶囊，亦本发明产品。

本口服液的服用方法如下，3岁以下儿童每日1支；3～12岁儿童每日两次，每次1支；12岁以上每日3次，每次1支或者据病情加量，1个月为一疗程。散剂胶囊遵医嘱。

本发明产品曾做急性毒理试验，腹腔注射LD50为1 479mg／kg，灌胃6 000mg／kg时未发生毒性反应，表明其毒性小。本产品给药途径为口服，因此是一种十分安全的药物。本产品做长期毒性试验证明，在小、中、大三种剂量给药90天及停药21天观察中，与对照组相比，大鼠体重、食量、血象、血生化指标、主要脏器重量均无显著差异，大剂量组与对照组组织学检查均无异常，充分表明，本产品是一种十分安全的药物，可长期使用。为进一步临床验证本产品疗效和有无不良反应，本发明药物曾对儿童佝偻病及成人骨质疏松症，在不同医院进行疗效观察，现分述如下：

**治疗骨质疏松症的疗效观察**

**一、病例选择：** 55例患者，均为我院疼痛门诊患者，男29例，女26例。年龄21～79岁。平均57岁±10.48岁。观察组40例，对照组15例。

**二、观察指标：** 腰痛、腿疼、活动困难、麻木，抽搐等症状。腰背叩击痛、Chvostek征及Trosseau征等体征。血、钙、浓度，X线（腰椎）血、尿常规，肝、肾功能。

**三、评价标准：** 显效，治疗后症状、体征有2/3以上好转，血钙上升大于0.125mmol/L或升至正常范围；有效，治疗后症状体征缓解1/3～2/3，血钙上升0.025mmol/L-0.125mmol/L；无效，治疗后症状体征无改善，血钙浓度不升高。

**四、观察方法：** 观察组，骨营养液（本发明口服液，下同）3岁以下每日10ml，3～14岁，一日2次，每次10ml，成人一日3次，每次10ml，疗程15天。对照组，葡萄糖酸钙片（北京制药厂），3岁以下，每日600mg，3～14岁每日2次，每次600mg，成人每天3次，每次600mg，疗程15天。

**五、实验结果**

**方法：** 选择经X线确诊的有典型骨质疏松的患者55例，随机分为2组。①对照组15例，男6例，女9例，年龄59.7岁±6.7岁。②观察组，男23例，女17例，年龄54.3岁±9.6岁。于用药前和用药第15天，对上述观察指标进行测定。

**六、结果**

**（一）治疗后症状体征改善情况**

表1　治疗后两组患者临床表现的变化　　　　　　（例）

| | 腰腿痛缓解 | 腰腿痛未缓解 |
|---|---|---|
| 对照组 | 9 | 6 |
| 观察组 | 38 | 2 |

$$X^2=10.75 \quad P<0.01$$

### （二）治疗后两组患者，血钙水平的变化

表2　两组治疗前后血钙水平的变化

|  | 治疗前 | 治疗后 | t | p |
|---|---|---|---|---|
| 对照组 | 2.11 ± 0.30 | 2.32 ± 0.21 | 3.89 | <0.05 |
| 观察组 | 2.21 ± 0.18 | 2.49 ± 0.16 | 6.67 | <0.01 |

经治疗后，两组血钙水平均上升。

表3　两组血钙上升幅度的比较

|  | 血钙升高幅度 | t | p |
|---|---|---|---|
| 对照组 | 0.14 ± 0.16 | 2.31 | <0.05 |
| 观察组 | 0.26 ± 0.12 | 2.31 | <0.05 |

从表2中可以看到，经骨营养液治疗后，观察组血钙增高较对照组明显。

### （三）两组疗效观察

表4　两组治疗后疗效比较

|  | 显效（例） | 有效（例） | 无效（例） | 有效率（%） |
|---|---|---|---|---|
| 对照组 | 3 | 10 | 2 | 20% |
| 治疗组 | 35 | 4 | 1 | 87.5% |

$$X^2=10.75 \quad P<0.05$$

**讨论**：骨质疏松是一种常见病，好发于老年人，尤其是女性绝经后，可引起腰背痛、骨折及活动受限，严重影响老年人的生活质量。目前已证实补钙能有效地防治骨质疏松，改善患者症状。目前市场上的钙剂较多，但吸收好的钙剂很少。骨营养液既含有钙；又含有钙吸收促进剂，且为液体剂型，因此，吸收好，服用方便，本实验结果表明其能明显改善骨质疏松的症状。

### 七、结论

1. 本实验结果表明，骨营养液具有明显改善骨质疏松症状的作用，其疗效优于葡萄糖酸钙片。

2. 用药前后对血、尿常规，肝肾功能的检测表明，该药品无任何毒副作用。

3. 该药为液体剂型，服用方便。

**治疗小儿佝偻病的疗效观察**

**一、病例选择**：50例患儿，均为我院儿科住院和门诊病人，男28例，女22例。年龄1.5个月～12岁，观察组35例，对照组15例。

**二、观察指标**：多汗、易惊、睡眠不安、抽搐和麻木等症状，枕秃，Chvostek征及Trosseau征等体征；血钙、磷、碱性磷酸酶、X线的变化；血尿常规，肝、肾功能。

**三、评价标准**：显效，治疗后症状、体征有2/3以上好转，血钙上升大于0.125mmol/L或升至正常范围；有效，治疗后症状体征缓解1/3～2/3，血钙上升0.025mmol/L～0.125mmol/L；无效，治疗后症状体征无改善，血钙浓度不升高。

**四、观察方法**：观察组，骨营养液（本发明口服液，下同）3岁以下每日10ml；3～14岁，一日2次，每次10ml，15天为一疗程。对照组，葡萄糖酸钙片（北京制药厂），3岁以下，每日600mg，3～14岁每日2次，每次600mg，15天为一疗程。

**五、实验结果**

**方法**：选择有典型佝偻病表现的患儿50例，所有病例均经病史，临床表现和血钙、磷、碱性磷酸酶及X线确诊，投药时无其他伴发病，将患儿随机分为观察组和对照组。①对照组15例，男9例，女6例，年龄1.4±1.0岁。②观察组35例，男19例，女16例，年龄1.3±1.2岁。于用药前和用药第15天，对上过观察指标进行测定。

六、结果

（一）治疗后临床症状改善（表1）

表1　治疗后两组患儿临床表现的变化

| | 多汗× | | 易惊××× | | 睡眠不安△ | | 枕秃△△ | | — | — | — |
|---|---|---|---|---|---|---|---|---|---|---|---|
| | 已消失 | 仍存在 | 已消失 | 仍存在 | 已消失 | 仍存在 | 已消失 | 仍存在 | | | |
| 观察组 | 31 | 1 | 34 | 0 | 27 | 1 | 1 | 24 | | | |
| 对照组 | 9 | 3 | 11 | 2 | 8 | 1 | 0 | 8 | | | |

$$X^2=5.05 \quad ** X^2=5.46$$

$$P<0.05 \quad P<0.05$$

$$\triangle X^2=0.76 \quad \triangle \triangle X^2=0.33$$

$$P<0.05 \quad P<0.05$$

（二）治疗前后血钙、磷、碱性磷酸酶等改变（表2）

两组病人的血钙磷、碱性磷酸酶治疗前后均无明显变化，（$P<0.05$）而血钙则差异显著。

表2　治疗前后两组患儿血钙的变化

| | 治疗前 mmol/L | 治疗后 mmol/L | t | p |
|---|---|---|---|---|
| 对照组 | $2.10 \pm 0.19$ | $2.30 \pm 1.05$ | 3.52 | <0.05 |
| 观察组 | $2.05 \pm 0.22$ | $2.41 \pm 1.32$ | 4.46 | <0.05 |

（三）两组患儿治疗前后血钙上升幅度的比较

表3　两组患儿治疗前后血钙上升幅度的比较

| | 血钙的差值mmol/L | t | p |
|---|---|---|---|
| 对照组 | $0.15 \pm 0.32$ | 3.36 | <0.05 |
| 观察组 | $0.23 \pm 0.26$ | — | — |

将两组患儿治疗后与治疗前血钙的差值进行t检验，有显著的差异。

（四）两组患儿治疗前后血常规、尿常规、肝、肾功能、心电图均无异常发现。

（五）两组治疗结果的疗效比较

表4　两组患儿疗效比较　　　　　　　　　　（%）

|  | 显效 | 有效 | 无效 |
|---|---|---|---|
| 观察组 | 57.1 | 40.0 | 2.9 |
| 对照组 | 33.3 | 53.3 | 13.4 |

从表中可以看出，骨营养液的疗效明显优于葡萄糖酸钙片。

讨论：佝偻病是儿科常见病，早期发现，适当治疗会大大降低致残率。常用的治疗方法是口服钙制剂或静脉注射葡萄糖酸钙，同时应用维生素D。但口服钙片，吸收率低；静脉注射葡萄糖酸钙不易被患儿及家属接受，本研究应用的骨营养液既含有钙又含有钙离子吸收促进剂，经临床验证，与葡萄糖酸钙相比，骨营养液能够明显地消除佝偻病患儿的临床症状。虽然二者均能使血钙升高，但骨营养液由于能较好的促进钙吸收，所以使血钙水平在相同时间内能够有较大程度的升高。而且治疗后患儿血常规、尿常规、肝肾功能、心电图均无异常发现。

七、结论

1. 骨营养液具有明显改善佝偻病患儿症状，使血钙升高的作用，其疗效明显优于葡萄糖酸钙片。

2. 用药前后对血、尿常规，肝肾功能的检测表明，该药品无任何毒副作用。

3. 该药为液体剂型，患儿服用方便。

本发明药物临床使用结果表明，有下述优点：对人体无毒副作用，服用方便，吸收好，使血钙升高，对儿童佝偻病、成人骨质疏松症有明显疗效。

**实施例**1

选用下列药物成分及其重量比:

葡萄糖酸钙 5份

葡萄糖酸锌 0.3份

谷氨酸 0.8份

在配液罐中加入去离子水,加热至100℃,按比例倒入所述药物,搅拌、溶解、混匀、再加入去离子水,使先后加入的总水量与药物的重量比例为100:5,然后用80μm的垂熔玻璃滤器过滤,灌装成瓶,每支10ml,高温高压灭菌,此即为本发明产品。

**实施例**2

选用下列药物成分及其重量比:

活性钙 6份

硫酸锌 0.4份

谷氨酸胺 1份

在配液灌中加入去离子水,加热至100℃,按所述比例倒入活性钙、硫酸锌、谷氨酰胺,搅拌、溶解、混匀,再加去离子水,使总水量与药物的重量比例为100:6,然后用120μm的垂熔玻璃滤器过滤,灌装成瓶,每支10ml,微波灭菌,此即为本发明产品。

# 后 记

　　本书是我在博士论文基础上，历时一年半的修改完成的，作为学术生涯的第一本专著自然敝帚自珍，在修改的过程中总是担心其不能达到学术专著应有的水准，几度停笔反思。值得庆幸的是在这过程中得到了很多帮助，回顾这一过程，心中备感充实，感慨良多。

　　首先感谢我的博士导师朱雪忠教授，作为同门之中最晚有论文发表的一个，感谢朱雪忠老师对我的耐心与信任，让我相信自己可以厚积薄发。倘若没有这种精神力量，很难想象自己能够在巨大的科研压力下坚持下来。朱雪忠老师严谨的治学态度与温润的人格魅力也注定是我需要一生努力去企及的标杆。

　　感谢吴汉东教授、袁晓东教授、杨卫国教授、买忆媛教授、蒋逊明老师、文家春老师、丁秀好老师等在论文的开题与答辩时给予的指导，这本书也凝聚着各位师长的智慧。

　　华中科技大学知识产权战略研究院的各位同学对本书的完成也作出了很大的贡献。其中在本书的创新点中，有两个灵感是来自与张军荣博士的闲聊，军荣兄完美地演绎了知识的正外部性效应。郑旋律博士、孟奇勋博士、唐春博士、贺宁馨博士、黄颖博士、罗敏博士、骆严博士，感谢你们忍受了我刨根问底的"骚扰"和科研不顺时的负面情绪，和你们朝夕相处的时光是四年里珍贵的回忆。

　　感谢林秀芹教授在我求职和工作期间给予的支持，作为我博士后的合作导师，林教授在教学以及科研方面对我进行了诸多指导，厦门大学知识产权研究院的同事乔永忠博士、张新锋博士、董慧娟博士、罗立国博士、王俊博士、朱冬博士以及林少婷老师、曹琳老师也在工作和生活上给予我许多关心和帮助，良好的科研氛围让我能够时刻感到团队的凝聚力。

此外，知识产权出版社刘睿编审、邓莹编辑也为本书的出版付出了很大心血，一并致谢。

本书还得到厦门大学知识产权研究院与法学院的资助，在此也表示诚挚感谢！